图像检索技术
及其在商标分拣中的应用

刘爽　徐鉴　著

中国商业出版社

图书在版编目（CIP）数据

图像检索技术及其在商标分拣中的应用 / 刘爽，徐鉴著. -- 北京：中国商业出版社，2024.2

ISBN 978-7-5208-2741-6

Ⅰ. ①图… Ⅱ. ①刘… ②徐… Ⅲ. ①图像数据库-信息检索-应用-商标-自动分拣机 Ⅳ. ①TH691.5-39

中国国家版本馆 CIP 数据核字（2023）第 232581 号

责任编辑：林　海

中国商业出版社出版发行

（www.zgsycb.com　100053　北京广安门内报国寺 1 号）

总编室：010-63180647　编辑室：010-83125014

发行部：010-83120835/8286

新华书店经销

北京虎彩文化传播有限公司印刷

*

710 毫米×1000 毫米　16 开　14.25 印张　222 千字

2024 年 2 月第 1 版　2024 年 2 月第 1 次印刷

定价：58.00 元

*　*　*　*

前　言

图像检索技术从产生至今，已经形成了三个重要的分支：基于文本的图像检索技术、基于语义的图像检索技术、基于内容的图像检索技术。基于文本的图像检索技术，用文本来描述用户的需求，如图像名、图像特征等，但因为文本表达能力的局限以及文本标注过程中的歧义性，往往造成检索结果不符合用户需求；基于语义的图像检索技术，在图像视觉特征的基础上进一步提炼其高级的语义表达能力，但检索过程复杂且方法体系发展尚不完善；基于内容的图像检索技术，以颜色、纹理、形状等作为图像的特征表达，以此为依据开展检索并作为相似性判断的依据，是当前图像检索领域的研究热点。

基于内容的图像检索技术，为了提升查准率和查全率，需要同时使用多种特征。这些特征的融合策略和融合规则，是制约基于内容的图像检索技术性能的关键问题。

本书以基于内容的图像检索技术为研究对象，以多特征融合框架设计、融合规则设计为核心研究内容，以检索领域中的应用为研究背景，主要探讨了如下内容。

第一，在单一特征的图像检索技术框架基础上，研究多特征融合的图像检索理论框架，深入分析多特征融合过程中的特征选择、特征提取、特征向量生成、相似性比较等问题。从特征向量融合和相似性测度融合两个角度，构建多特征融合图像检索理论的通用框架。依托层次分析法，构建图像检索技术的评价框架。

第二，综合考虑查准率和检索时间，提出了基于颜色特征和边缘特征融合的图像检索技术。此技术在相似性测度中，将 R、G、B 三个颜色分量特征和边缘细节特征融合在一起，以此提升检索结果的准确性。同时，为了降低检索过程的执行时间，颜色特征和边缘特征的提取都放在二次小波分解的低频分量图像上。性能评价实验结果，证实了此技术同时满足查准率和快速性指标。农产品品质的检测实验结果，也证实了此技术的可行性和有效性。

第三，综合考虑查全率和检索时间，提出了基于小波基特征的图像检索技术。此技术融合了两类抽象的小波基特征，作为图像检索过程中的相似性判断依据，充分发挥了小波基特征的自适应能力，对不同类别的图像都具有较强的针对性。同时，小波基特征通过泰勒级数近似替代，也具备较好的速度优势。性能评价实验结果，证实了此技术同时满足查全率和快速性指标。医学病例诊断的辅助实验结果，也证实了此技术的可行性和有效性。

第四，综合考虑查准率和查全率，提出了基于 ESN 多特征融合的图像检索技术。此技术融合了颜色特征、纹理特征、形状特征，并用 ESN 网络训练得出三种特征的融合权重，不仅增强了相似性判断的全面性，也增强了检索过程的适应性。性能评价实验结果，证实了此技术同时满足查准率和查全率指标。商标图像的分拣实验结果，也证实了此技术的可行性和有效性。

本书由哈尔滨商业大学计算机与信息工程学院的刘爽和徐鉴两位老师共同撰写。其中，刘爽老师撰写了第一、五、六、七、八、九、十章，总计 15.1 万字；徐鉴老师撰写了第二、三、四章，总计 7.1 万字。

本书在写作过程中，参考了一些专家学者的研究成果，在此一并表示感谢。由于作者水平有限，书中难免存在一些不妥之处，敬请读者批评指正。

作　者

2023 年 10 月

目　录

第 1 章　图像检索技术及其发展

1.1　图像检索技术的发展背景

进入 21 世纪以来，世界范围内的信息化进程进一步加快，各种类型的数据信息呈现出爆炸式增长的态势。图像数据是各类信息中最重要的一种，它可以将记录的内容以最直观的方式传递给人们的视觉系统。然而，随着信息总量的飞速增长，人们每天不得不面对从海量的图像信息中寻找自己需要的图像资源的难题，这就推动了图像检索技术的发展。

图像检索，就是根据用户需求在一定范围的图像数据库空间内查找符合用户需求的图像。从方法实现流程上看，对用户需求的分析、定位和描述是开展检索过程的前提。对数据库中每一幅图像进行适合的特征提取、完成和用户查询需求的特征匹配、遴选出相似度高的查询结果，则是整个图像检索过程的核心工作。

目前，基于内容的图像检索技术已经在很多领域中得到了初步的应用。图像检索技术能否在检索领域中加以应用，准确率、可靠性和检索速度是人们最为关注的三个指标。准确率影响检索结果的准确性，可靠性影响检索方法的使用范围，检索速度影响检索过程的执行效率。然而，在很多情况下，这三个指标之间又相互制约，很难同时兼顾。因此，本书主要从这三个指标入手，开展有针对性的研究工作，并力求构建兼具精确检索、可靠检索、快速检索特征的检索技术，以进一步增强基于内容的图像检索技术在检索领域中的实用性。

1.2 图像检索技术的国内外发展

1.2.1 图像检索技术的国内外研究现状

在图像检索技术发展的早期阶段，图像数据库内的图像数量较少，基于文本的图像检索技术成为主流方法，因为其英文描述语为“Text-based Image Retrieval”，故简称为“TBIR”[1]。

基于文本的图像检索技术，其检索过程依赖于关键词，这些关键词是可以大致概括图像内容的词汇。但是关键词的形成，依赖于人工对每一幅图像进行观测和理解，并最终形成标注[2]。葡萄牙图像学家科斯塔（Costa）指出，随着图像数据库的增大，人工标注将变得非常困难。因此，他设计了一些辅助软件以协同人工完成标注[3]。

近年来，图像数据库的容量呈现爆炸式增长的态势。基于文本的图像检索技术已经很少单独使用，往往联合其他图像检索技术一起使用。我国学者王伟蔚针对医学图像的检索问题，构建了一种基于 DICOM 文本和内容结合的图像检索技术，此技术先用 DICOM 文本检索缩小检索范围，再用基于内容的图像检索技术完成最终检索[4]。李净、郭洪禹提出了一种结合文本信息的检索技术，这种技术在检索过程中根据多个示例原型形成不同的文本检索策略，再通过反馈形成标注机制，以达到提升检索精度的目的[5]。李玲针对自建的图像数据库，构建了一种文本和语义相结合的图像检索技术。此技术首先用文本关键词进行初级筛选，再借助图像学习方法实现 CMRM 语义标注，融合文本检索结果完成最终检索[6]。

相比于文本检索技术，基于内容的图像检索技术是目前更为成熟的技术，因为其英文描述语为“Content－based Image Retrieval”，故简称为“CBIR”[7]。

基于内容的图像检索技术，主要依赖于图像视觉特征的提取，如颜色特征、纹理特征、形状特征，进而根据查询图像和数据库图像之间的特征相似性来获得最终检索结果。根据特征的不同，基于内容的图像检索技术又可以分为基于颜色特征的图像检索技术、基于纹理特征的图像检索技术、基于形状特征的图像检索技术[8-10]。有学者认为，视觉特征并不一定能准确反映图像内容本身要表达的信息，在视觉特征和图像内容之间存在语义鸿沟[11]。

为了消除或尽可能地缩小语义鸿沟对基于内容的图像检索技术的影响，学者们又提出了基于语义的图像检索技术。此技术将图像检索中的语义分为三个层次，即特征语义、关系语义和高层语义[12-14]。其中，特征语义对应图像内容的典型特征，如颜色、纹理、形状等；关系语义是从特征语义可以推演出特征和检索目标之间的关系；高层语义是从特征语义、关系语义可以进一步推演出场景、行为、情感等结论。最终检索结果的获取，则需要根据这三类语义的相似性来判断[15]。

对比三大类图像检索技术可知：基于文本的图像检索技术因为标注过程的不易操作和低效，已经很难适用于大量图像的检索任务；基于语义的图像检索技术尚处在发展过程中，底层特征和高层语义之间的准确映射关系建立比较困难；基于内容的图像检索技术是图像检索领域目前最受关注的检索技术，也是本书要重点研究的技术。在后续的工作中，我们将分别从基于颜色特征的图像检索技术、基于纹理特征的图像检索技术、基于形状特征的图像检索技术、基于多特征融合的图像检索技术四个方面，来综述基于内容的图像检索技术的国内外研究现状。

1.2.2　基于颜色特征的图像检索技术国内外研究现状

颜色特征是最早应用于基于内容的图像检索技术的特征之一。颜色特征不仅鲁棒性强，而且具备一定程度的尺度不变性和旋转不变性，这也使得它在图像检索技术发展之初获得了广泛的应用[16]。

英国图像学家詹妮（Jenni）提出利用颜色直方图比对来进行图像检索的方法，分别提取 R、G、B 三个通道上的颜色信息，再计算这三个颜色通道上的联合概率分布，用此作为图像内容的特征表达进而执行相似度判断和图像检索[17]。但是颜色直方图的信息维度比较高，会降低整个检索过程的执行速度。为此，爱沙尼亚图像学家维米娜（Vimina）提出了颜色矩的方法加以改进。她采用矩计算理论将颜色直方图中的概率分布信息，合并成不同阶次的颜色信息统计矩，从而降低了颜色内容表达的维度[18]。需要指出的是，颜色矩的分辨能力比颜色直方图要低。

在颜色直方图特征的基础之上，荷兰图像学家高希（Ghosh）提出了颜色一致向量的表达方法。这种方法将相同颜色信息的像素按照连通关系进行区域合并，从而形成颜色区域和颜色散点，再进行区域一致性比对来完成图像检索[19]。中国图像学家赖（Lai）也对颜色直方图特征进行了改进，提出了颜色相关图的概念。颜色相关图将距离信息和颜色信息融合在一起，形成联合概率分布特征并以此作为图像检索的相似性判断依据，实验结果证实这种技术的检索精度要优于基于颜色直方图的检索技术[20]。

意大利图像学家加纳（Ganar）对基于颜色相关图的图像检索技术进行改进，将颜色相关信息量化到一组特定的等级来达到简化计算过程的目的，使得整个检索过程的速度得到提升[21]。芬兰图像学家浩克赫尔（Khokher）重新定义了颜色矩的概念，并提出了相应的计算方法，使得新的颜色矩结果更加符合人类的视觉感知，此方法获得的检索结果更符合人的主观认同[22]。西班牙图像学家易克巴（Iqbal）对颜色一致性向量的计算进行了改进，他采用了一种全新的熵值计算方法来获得颜色一致性向量，这个计算结果比原有的颜色向量具有更高的一致性表达[23]。

克罗地亚图像学家柳勃维奇（Ljubovic）首先对图像进行频率域上的分割以获得不同的频率成分，进而对每种频率成分提取颜色特征，再完成图像检索。这种频率域和颜色域上的结合，使得检索结果表现出更高的鲁棒性[24]。法国图像学家普朗特（Plant）借助四元数理论来提取图像的颜色特征，并进行了自适应设计。其自适应性能体现在，颜色变化较慢的区域采用粗量化，颜色变化较快的区域细量化，从而使得颜色特征的提取更具针对性[25]。

国内有关基于颜色特征的图像检索技术的研究，近年来也取得了丰硕成果。王涛构建了一种颜色—空间联合特征，首先通过颜色分割获得不同的主要特征区域，再根据各个特征所在的空间位置对应关系来提取颜色特征并进行比对，实验结果证实这种方法具有更高的检索精度[26]。该方法的颜色区域分割效果如图 1-1 所示。

（a）原始图像　　（b）分割图像

图 1-1　颜色区域分割

孙君顶在考虑空间信息特征的同时，将彩色图像转化到 HSV 颜色空间上，用色调直方图代替一般的颜色直方图，再结合颜色特征和空间特征来完成图像检索，这种方法也获得了比较高的检索精度[27]。王向阳先将图像进行分块处理并在每一个图像块上计算颜色直方图，再结合图像区域变化和颜色复杂度计算出每一个图像块的权重，最终根据加权的分块颜色直方图结果完成图像检索，获得了较高的查准率和查全率[28]。

沈新宁构建了一种新的颜色特征，这种颜色特征是在颜色相关图特征矩阵的基础之上，根据周围颜色特征所计算出来的一种互信息。以颜色互信息构建颜色特征矢量，不仅可以降低计算复杂度，还可以获得较高的检索精度[29]。

顾晓东将工作重点放在了颜色相似度距离的设计上，构建了一种加权主色优先距离，不仅降低了检索过程的时间复杂度，在检索精度上也获得了令人满意的结果[30]。张永库先将图像从 RGB 空间变换到 HSV 空间，再提取颜色聚合向量作为图像检索的颜色特征，并利用 K-means 算法完成颜色检索，获得了令人满意的检索结果[31]。在后续的研究工作中，张永库对颜色聚合向量检索方法进行了进一步改进，设置了分散度参数和贡献度参数来构建索引特征库，提升了检索过程的效率[32]。

孙延维将图像按照颜色分割的结果，将不同颜色区域按照面积大小进行排序，再按照排序的顺序利用颜色局部直方图进行比对，从而完成图像整体的检索[33]。考虑到藏毯颜色信息的丰富性，孙琦龙采用基于颜色特征的图像检索技术来完成藏毯数字化平台的建设。在检索过程中，颜色空间被划分成 188 个维度，比较全面地反映了藏毯图像的颜色特征[34]。陈勇平将基于颜色特征的图像检索技术应用于木材单板的识别问题，通过 RGB、HSV、Gray 三个颜色空间上颜色特征有效性的比对，证实了在 HSV 空间上基于颜色特征的图像检索技术最为有效[35]。

综合国内外已有的基于颜色特征的图像检索技术可以看出，颜色直方图、颜色矩、颜色相关图是使用最广泛的颜色特征，后续的很多方法都是对这些特征的改进。另外，基于颜色特征的图像检索技术，往往要配合空间特征、频率特征等其他特征使用，以提升检索过程的鲁棒性。

1.2.3 基于纹理特征的图像检索技术国内外研究现状

图像来自对真实物体的拍摄，而真实物体的表面一般都会存在纹理特征。纹理反映在二维的图像平面中，表现为反复的、有一定规律的局部特征。纹理特征是判别两幅图像是否相似的重要依据，因此，也是基于内容的图像检索技术中的重要特征[36]。

意大利图像学家拉胡万希（Raghuwanshi）对大量纹理特征进行了统计分析，发现纹理可以分为规则纹理和随机纹理两大类。其中，规则纹理的基元特征会反复出现并带有一定规律，随机纹理的出现带有很大的不确定性，只能借助概率统计变量进行描述[37]。巴西图像学家穆鲁甘（Murugan）总结了纹理特征应用的检索领域，发现这种特征在医学领域的图像检索、遥感领域的图像检索、建筑材料领域的图像检索中最为常用[38]。埃及图像学家伊塔扎（Irtaza）指出，纹理特征不仅局限在空间域上的表达，还可以扩展到频率域上，因此形成了三个发展分支：空间域上的纹理特征检索，频率域上的纹理特征检索，交叉域（空间域和频率域）上的纹理特征检索[39]。

沙特图像学家伊姆朗（Imran）对纹理特征的表达进行了抽象层面上的提取，设计了粗糙度属性、对比度属性、方向性属性、线性度属性、规则性属性等，这些属性比较全面地实现了纹理特征的准确描述[40]。中国图像学家林（Lin）指出，纹理特征由一个个小的基元构成，纹理特征的比较可以细化为基元特征的比较。据此，他构建了基于纹理基元特征的图像检索技术[41]。德国图像学家格莱伯（Gorrab）在纹理基元概念的基础上，提出了 LBP 纹理基元特征检索方法，获得了比较理想的检索精度，但是方法的整体复杂度较高[42]。需要指出的是，LBP 特征具有良好的旋转不变性，如图 1-2 所示。

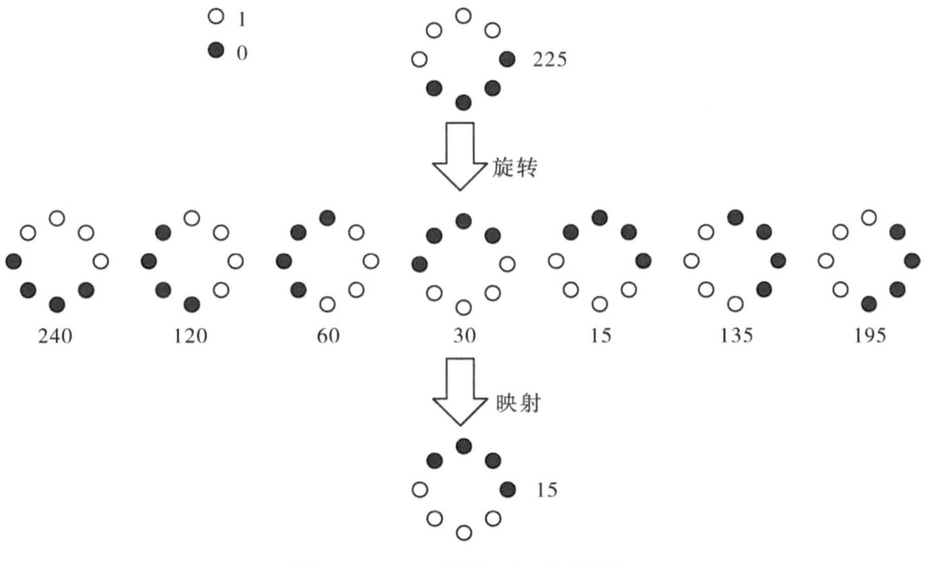

图 1-2　LBP 特征的旋转不变性

埃及图像学家穆拉鲁（Murala）采用灰度共生矩阵来描述图像的纹理特征，并在灰度共生矩阵的基础上进一步推导出二阶矩、惯性矩、惯性熵等参数，形成了基于灰度共生矩阵的纹理特征表达参数族。灰度共生矩阵法准确地描述了图像纹理的灰度级结构，检索效果比较理想[43]。西班牙图像学家费耶罗（Fierro）不考虑空间信息，而是直接从频率域上提取纹理特征，也成功地实现了图像检索[44]。伊朗图像学家库玛兰（Kumaran）则将纹理特征的空间表达和频率表达结合在一起，构造了一种基于小波变换的空—频联合纹理特征检索方法，获得了更高的可靠性[45]。

我国学者在基于纹理特征的图像检索技术上的研究也取得了丰硕成果。练秋生将边缘信息和局部纹理特征结合在一起，构建了一种新的基于纹理特征的图像检索技术。他首先用广义高斯函数提取图像的边缘信息，再融合 LBP 纹理特征来构造相似性判断距离，此方法的检索精度比单纯的 LBP 纹理特征提升了近 4%[46]。施智平结合纹理特征的视觉信息，构建了一类新的纹理谱描述子，并提取了纹理谱直方图，以此作为图像检索的依据。实验结果表明，此方法的检索性能要高于 Gabor 纹理描述子[47]。

苏赋获得原始图像对应的纹理特征后，进一步将这些纹理特征进行 Curvelet 多尺度分解，再在各尺度能带上提取兴趣因子，从而构造检索过程中用于比对的特征向量，此方法的鲁棒性更高[48]。梁美丽将原始图像进行分块处理，进而采用离散余弦变换在每一个子块图像内提取纹理特征，并融合颜色特征一起构造特征向量，此方法的检索精度可以达到 80% 以上[49]。赵玉丹指出，LBP 纹理特征在一定程度上忽视了邻域内各像素之间的浮动关系。他的改进措施是，按顺时针方向计算邻域像素和中心像素的差异，并形成二进制序列，再和一般的 LBP 特征共同表达图像纹理。实验结果表明，改进方法的检索结果令人满意[50]。

殷明发现 NSST 采样剪切波变换具有良好的方向选择性和旋转不变性，因此用它来提取图像的边缘轮廓等纹理特征。实验结果表明，此方法不仅检索精度高，而且计算复杂度低[51]。许贞俊采用 Gabor 滤波器提取图像纹理特征并计算均值和标准差，同时融合图像区域形状的形态学特征构造特征向量，检索实验证实了此方法的有效性[52]。曲怀敬设计了四种钻石状滤波器，并采用复数变换提取图像的相位信息和纹理信息，通过两种特征结合的特征向量完成检索过程，平均检索率获得了很大提升[53]。

孙君顶借助 Contourlet 变换构造了一类新的纹理特征，这种特征融合了 Contourlet 变换的幅度均值和峰度信息来构造检索特征向量，检索精度提升了 5%以上。此外，还给出了一般纹理特征图像检索的实施流程，如图 1-3 所示[54]。

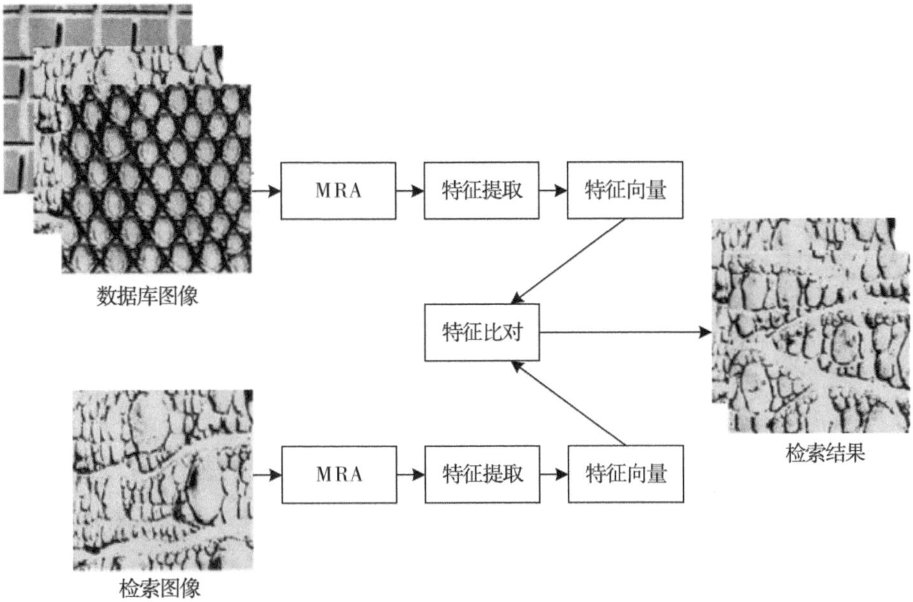

图 1-3　一般纹理特征图像检索的实施流程

黄碧娟同时采用两种策略构造检索过程的特征向量：一种是利用纹理元表征纹理特征，并对各个纹理元特征执行加权处理；另一种是采用张量积对图像特征执行扩散处理。实验结果显示，此方法的检索精度比 Gabor 纹理检索、SIFT 尺度特征检索都有较大的提高[55]。

基于纹理特征的图像检索技术适用于那些纹理特征较为丰富的情况，但是主要受到两个因素的制约：一是用于描述纹理信息的特征比较多，在检索过程中如何选择比较困难；二是纹理特征的计算复杂度都比较高，会影响到整个检索过程的执行速度。

1.2.4　基于形状特征的图像检索技术国内外研究现状

近年来，人们在深度探索基于内容的图像检索技术的过程中逐渐发现，形状特征比颜色特征和纹理特征更容易促成人类视觉上的敏感[56]。

法国图像学家泽莱（Zare）认为，形状上下文是图像检索领域中最成功的形状特征。他通过验证性实验发现，形状上下文不仅对刚性物体适用，对于非刚性物体也具有较强的鲁棒性[57]。英国图形学家格莱奥（Goyal）利用形状轮廓点的全局信息构造出形状上下文描述子，进而采用形状区域的内部欧式距离作为相似性测度算子执行图像检索，这种方法对于形状特征区域较大的图像具有较高的检索精度[58]。费耶罗（Fierro）认为格莱奥的方法过于侧重形状的内部结构，因此他对内部欧式距离相似性测度进行了改进，同时考察两幅图像在形状内部和多形状间的相似程度，从而可以适应更多的形状特征图像检索情况[59]。

加纳（Ganar）认为，轮廓特征是最重要的形状特征之一。他发现，形状区域的轮廓以及轮廓上一些特殊位置的点，可以作为形状匹配和图像检索的重要手段，这些特殊位置的点包括角点、终点、中间点、极值点等[60]。美国图像学家兰德（Lande）使用轮廓作为形状特征，在检索过程中还配合使用轮廓上的曲率极值点，从而构造出基于极值规则的形状特征的图像检索技术[61]。伊拉克图形学家希瓦斯塔法（Shrivastava）将极值规则的思路进一步扩展，形成了基于轮廓的凹形形状特征、凸形形状特征，并将这些特征采用离散化的表达方式，不仅提升了图像检索的准确率，还降低了检索时间[62]。

为了进一步提升形状特征匹配的准确率，瑞典图形学家丹妮泽克（Deniziak）从轮廓特征进一步扩展的轮廓包围的区域内部，提取出用于支撑区域面积的骨架特征，轮廓边界和内部支撑骨架融合在一起作为形状检索时的相似性判据，取得了令人满意的结果[63]。意大利图形学家山姆加瓦蒂（Shanmugavadivu）认为，对于很多形状特征而言，都存在对称结构。他借助轮廓、骨架中的对称结构，进一步构造了一种对称形状的检索方法，对于存在对称形状特征的图像检索问题具有较强的针对性[64]。塞尔维亚图形学家沙克奇（Sokic）进一步提升了形状特征图像检索的数学理论，他用图论中的相关理论对多种形状特征进行了进一步抽象，构造出了形状特征的特征表达向量，提升了检索过程的执行效率[65]。

我国学者在基于形状特征的图像检索技术上也进行了广泛深入的研究。周瑜对比了典型的形状特征和其他图像特征，他发现相比于颜色特征和纹理特征，形状特征清晰地反映了特征之间的空间位置关系，因此可以作为弥补语义鸿沟的有效手段[66]。袁杰在形状边界的基础上，进一步提取PHOG梯度方向作为形状特征。因为这种特征的求取计算复杂度高，他先通过小波变换获得金字塔图像，再在像素较少的图像层级上完成PHOG梯度形状特征提取，兼顾了检索精度和检索效率的问题[67]。

罗磊提出了形状分解融合机器学习的图像检索理论。他根据最短割规则对复杂形状进行分解，从而形成一个个更小的形状区域。再用支持向量机等机器学习方法，完成对小形状特征的训练，就可以实现含有复杂区域特征图像的检索了。此方法中，形状分解的结果如图 1–4 所示[68]。

图 1–4　形状分解的结果

王军伟在轮廓特征的基础上，进一步提取了采样点、关键点、相邻关键点三个特征元，并分别从多个尺度上对这三个特征元进行特征向量的描述，在检索过程中配合使用了动态规划方法，实验结果证实了这种方法的检索精度和检索效率[69]。项明以电子商务领域中的服装图像检索为研究切入点，用Fourier描述子表达服装的形状特征，进而采用能量比率作为相似性判据，获得了较好的图像检索结果[70]。

周美丽首先求取形状区域的质心，进而计算形状特征直方图，再构造相似代价矩阵完成图像检索。这种方法使得颜色特征、纹理特征、形状特征可以在直方图形式上完成统一[71]。吴晓雨在采样点最多的角度区间求取角度特征，进而也计算出形状特征直方图来进行比对检索。为了提升检索速度，他进一步对形状特征进行剪枝处理，实现了在较短时间内获得高精度召回率的图像检索结果[72]。

一个形状特征对应的形状直方图如图 1-5 所示。

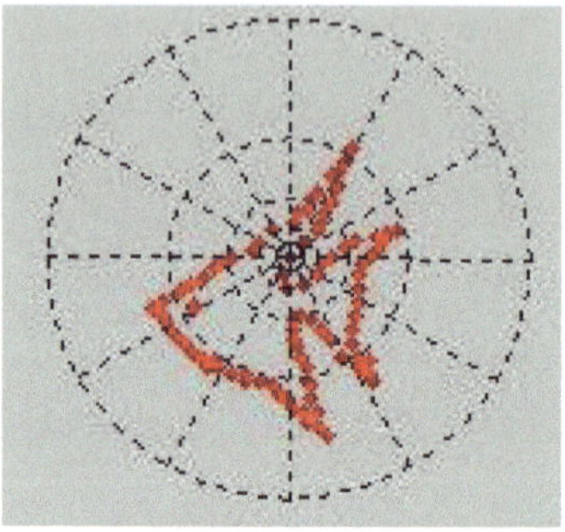

（a）形状特征

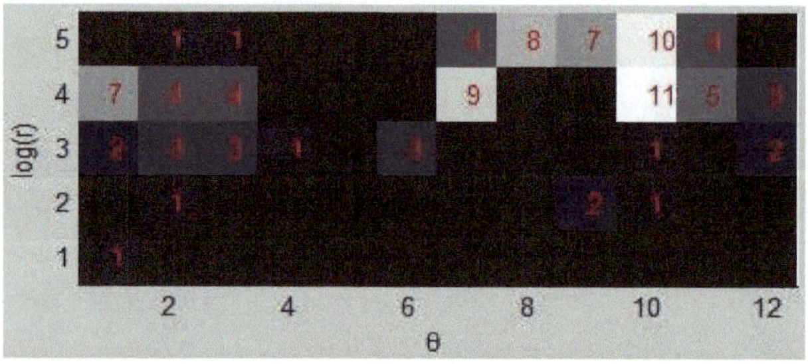

（b）形状直方图

图 1-5　形状直方图

叶梦婕将形状特征应用于植物叶片图像检索领域，她利用轮廓线特征构造了一种多尺度稀疏形状描述子，这种描述子可以同时满足平移不变性、旋转不变性、尺度不变性、双边对称性，从而有效地解决了检索过程中的时空复杂性，获得了理想的植物叶片检索结果[73]。师文依托轮廓线和轮廓关键点提取了四个形状特征参数，这四个参数分别表达了形状特征的线性、对称性、方向性、归一化长度，结合这些特征再利用遗传方法完成图像检索，检索效果达到了令人满意的程度[74]。张永库利用 Hu 矩表达图像的形状特征，这个形状特征具有优秀的平移不变性、旋转不变性、尺度不变性，再配合 HSV 空间下聚合向量的颜色特征实施图像检索，检索结果的查准率和查全率都比较高[75]。

基于形状特征的图像检索技术，是近年来基于内容的图像检索技术中的重要分支。其主要局限性表现在，如果图像中形状特征不明显、不完整、过于复杂细碎，检索效果就不理想。

1.2.5　基于多特征融合的图像检索技术国内外研究现状

随着图像检索技术在各个领域中应用的日益广泛，基于单一特征的图像检索技术越来越表现出不足[76]。这是因为在一幅特征信息丰富的图像之中，往往包含了不同类型的特征，仅以其中某一个特征作为检索的依据是不可靠的。这就促使图像检索技术不得不同时考虑多个特征的使用，从而推动了基于多特征融合的图像检索技术的出现和发展[77]。

基于多特征融合的图像检索技术，狭义上就是基于内容的图像检索技术中颜色特征、纹理特征、形状特征以及这些特征演化出来的特征之间的融合，共同形成检索过程中使用的相似性判据，这种融合策略又称为特征级融合[78]。基于多特征融合的图像检索技术，广义上可以扩展到三大类图像检索技术的融合，即文本特征、内容特征、语义特征层面的融合，这种融合策略又称为语义级融合[79]。德国图像学家克泽维奇（Kozievitch）认为，多特征融合可以进一步理解为内核级融合，这种策略倾向于将各种特征纳入一个融合后的相似性判据之中，这些特征都以归一化、无量纲的形式统一于相似性判据[80]。

意大利图像学家阿哈玛蒂（Alghamdi）构建了基于文本特征和内容特征融合的图像检索技术，并分别采用不同的测度判断两类特征的相似性。文本特征相似性用向量夹角余弦信息来计算，内容特征相似性用欧式距离来计算，之后将两个相似性按照一定比例组合以计算出总体相似性测度[81]。英国图像学家卡奥杜哈利（Chaudhary）认为，基于多特征融合的图像检索技术中，不同特征相似性在总体相似性中的权重计算至关重要，人为设定的方法往往带有主观性。为此，他采取机器学习的方法来自动生成权重参数，提升融合判据的科学性和可信度[82]。

比利时图像学家波斯莱德（Poslad）进一步指出，不同特征相似性之间的融合往往很难用线性关系来描述，何种特征在总体相似性中应该占有何种权重，更准确的做法是通过统计方法来计算其概率[83]。德国图像学家沙尔克曼（Scholkmann）认为，基于多特征融合的图像检索技术中，可以充分考虑文本检索的作用，如先借助图像标注来降低搜索范围，再借助内容特征来完成检索。如果把这两个环节工作的可信性用权重来配置，也是一种融合检索的策略[84]。西班牙图像学家拉希蒂（Rashedi）通过大量的统计实验发现，不同特征的相似性权重计算比较吻合于高斯混合模型，因此高斯概率密度函数可以考虑在融合策略计算时使用[85]。

我国学者黄鹏以 Web 图像检索为研究切入点，构建了一种基于文本特征和语义特征融合的图像检索技术，两类特征的融合是通过贝叶斯推理学习机制实现的[86]。此技术的实现流程如图 1-6 所示。

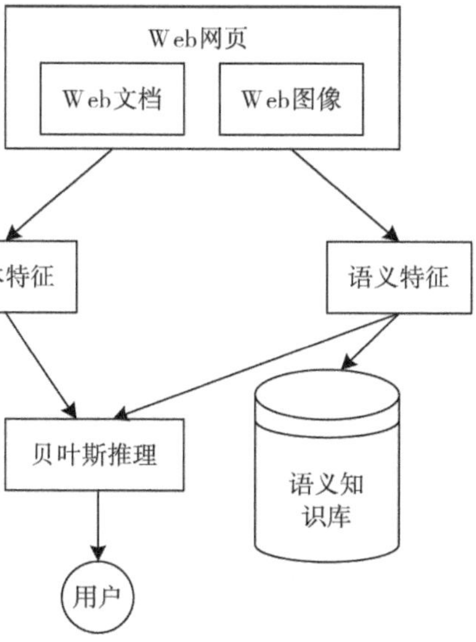

图 1-6　Web 图像检索的实现流程

曹建芳将文本特征、内容特征、语义特征等多种特征融合在一起，并设计了一种基于非负矩阵分解的动态加权融合检索策略，多组对比实验的结果显示，此方法所获得的检索结果的准确率大大高于基于单一特征的图像检索[87]。

孔超先将原始图像划分为多个兴趣区域，进而从每一个区域上提取底层的内容特征，再通过机器学习进行训练寻找和语义特征的对应关系，这种方法的迭代过程带有正反馈和负反馈，因此可以不断修正检索过程以提升检索结果的准确率[88]。罗益荣采用 LBP 纹理表示空间域特征，采用 Brushlet 变换能量表示频率域特征，进而采用支持向量机的策略执行相似性判别，实验结果证明此融合方法获得了更高的平均检索准确率[89]。

易唐唐设计的基于多特征融合的图像检索技术，将底层特征和高层语义特征联系在一起，并设计了有针对性的相似性测度函数[90]。刘雪亭设计的基于多特征融合的图像检索技术分为三个步骤：第一，提取具有尺度不变性的局部特征；第二，提取可以表达全局颜色特征的信息熵；第三，给局部特征和全局特征动态配置权重。这种技术的检索效果优于基于单一特征的图像检索技术[91]。

余元辉以海洋生物图像检索为研究对象，分别提取 DCT 不变矩、纹理矩、形状不变矩并进行融合，最后形成了具有多种不变性的融合特征，可以准确地检索海洋生物图像[92]。张永库构建了一种基于三特征融合的图像检索技术，这种技术中融合了 YUV 空间下的颜色特征、Krawtchouk 矩表达的形状特征、共生矩阵表达的纹理特征，可以获得较高的查准率和查全率[93]。

周东尧面向医学图像的检索问题，将全局特征和改进 SIFT 不变性局部特征融合起来，借助带有反馈的相似性测度完成图像检索，有效地提升了医学图像检索的准确率[94]。刘润杰将非等间隔 HSV 空间颜色特征和 Gabor 小波纹理特征融合在一起，并采用串行关联方法设置相似性测度，实验结果显示这种方法适合于内容信息复杂的图像检索[95]。

中国图像学家黄（Huang）指出，图像内容的多样性决定了单一特征很难实现可靠的检索。在此基础上，他提出了一种基于多特征融合的图像检索技术，将空间颜色矩、Zernike 形状矩、灰度共生纹理三种特征进行融合，获得了比较理想的检索结果。但此技术对于多种特征如何融合，没有给出通用性的解决方案[96]。德国图像学家辛格（Singh）在多特征融合解决图像处理问题的过程中，使用了两种抽象特征向量。其中，径向角变换算子 ART 是一种全局性的形状特征向量，极坐标 Hough 变换是一种局部的区域特征向量。这两个特征的融合，兼顾了检索效率和查准率[97]。

伊塔扎（Irtaza）将语义特征和纹理特征融合在一起，构建了一种有着层次联系的基于多特征融合的图像检索技术。其中，纹理特征处于底层，语义特征处于高层，两个层次之间的联系通过遗传算法的迭代过程连接，相似性的最终判定根据支持向量机算法完成。Corel 标准图像库的检索实验结果表明，此融合方法查准率高，并且可靠性强[98]。

英国图像学家威尔玛（Verma）指出，纹理特征是基于内容的图像检索技术中最重要的一类特征。为此，他构建了一个具有融合效果的新的纹理特征，这个新的纹理特征融合了局部图像上的三个方向信息，并合并了一个幅度域上的描述子。针对 Brodatz 图像库的检索结果表明，此融合策略比使用单一的纹理特征具有更高的查准率[99]。

奥地利图像学家卡尔帕纳（Kalpana）针对彩色图像的检索问题，提出了一种抽象的融合算子作为检索过程的相似性测度。在这个算子中，融合了尺度不变特征算子 SIFT 和光强正交多项式变换算子 OPT，故此算子称为 OPT-SIFT 联合算子。针对 Corel 标准图像库展开的检索实验结果表明，此方法以较低的复杂度完成了相似性计算过程，并且具有理想的查准率[100]。

大量研究成果显示，基于多特征融合的图像检索技术的查准率和查全率要高于基于单一特征的图像检索技术。目前，基于多特征融合的图像检索技术研究也面临一些待解决的问题：第一，缺乏统一的融合策略和融合框架，不同方法采用的特征向量各异、特征融合的方式也不尽相同；第二，多种特征的使用和融合，导致了图像检索过程的用时增加，以牺牲检索速度换取了查准率和查全率的提升；第三，多种特征进行融合时，各个特征在统一相似性测度中的权重如何更加客观地设置。

第2章　图像目标识别技术及其发展

2.1　图像目标识别技术的发展背景

随着通信、网络、计算机技术的高速发展和互联网平台的建立，当今社会正逐渐步入通信网络化、设备数字化、社会信息化的网络信息化时代[101]。作为这个时代的标志性产物，电子商务已经成为商业贸易活动中的重要的组成部分。当电子商务给人们带来便利的同时，电子商务的安全性也成为人们关注的焦点。可靠、安全、有效的身份认证技术是电子商务的安全性得以保证的关键环节，也是电子商务健康发展的重要保障[102-103]。

目前，由于互联网上存在着大量的用户信息盗取软件和冒充网上银行的钓鱼网站，使得用户网上交易存在着潜在风险，甚至已经让部分用户在精神上和经济上蒙受了巨大的损失[104]。日益突显的信息安全问题对传统的身份认证技术提出了巨大挑战。传统的身份认证技术不仅在新生的电子商务中存在着巨大的安全隐患，在公共安全中也存在着不足。

由于具有不可复制的唯一性、可测量性、持久性等特点，人体生物特征有效地弥补了传统的身份认证技术，如钥匙、证件、口令、密码中存在操作烦琐、易被遗忘、损坏、丢失、可被伪造或盗取等不足[105]。因此，人们已经将大量的目光集中在生物特征识别技术上。生物特征识别技术是指自动地提取并描述人体生物特征来完成身份认证的技术。目前应用在生物识别技术中的人体生物特征主要分为两大类：生理特征和行为特征。生理特征主要包含人脸、耳廓、虹膜、视网膜、指纹、手指等；行为特征主要包括行走姿态、声音、按键力度和签名等[106-108]。其中，基于人脸特征的识别技术因其具有良好的可靠性、有效性、安全性、隐蔽性和非接触性等优点成为受人们青睐的生物特征识别技术之一。

20世纪60年代后期，图像目标识别技术开始出现，并得到了人们广泛的关注。目前，图像目标识别技术取得了飞速发展，成为热门研究课题。虽然在可控条件下的图像目标识别技术已经取得了令人振奋的研究成果，但是由于人脸三维可变形结构难以建模的特点和人脸采集易受外界环境干扰的特点，使得在非可控条件下的图像目标识别技术仍然很难达到人们的实际需求[109-110]。本书研究的主要目的是分析人脸特征表达在不同条件下的识别性能，采用多生物特征识别系统中的信息融合技术融合不同识别性能的人脸特征表达，来提高图像目标识别算法在不同条件下的识别精度。

对图像目标识别技术的研究在理论和实际应用方面都具有重大的意义。在理论方面，图像目标识别是计算机视觉、图像处理、模式识别的交叉学科，为相关学科的发展起到极大的促进作用，并且图像目标识别问题为人工智能、人机交互、数学、图像处理、心理学、计算机视觉、认知科学、模式识别等多学科提供了基础的研究平台。目前，图像目标识别技术已经被广泛应用到实际生活中的各个领域，如国家安全、公共安全、信息安全、金融安全、企业应用和人机交互等。

2.2 图像目标识别技术的国内外发展

图像目标识别技术在最近的几十年里得到了飞速的发展，不断地涌现出新的方法、思想和理念。本书将对当前较为流行的图像目标识别技术进行论述，并且着重阐述具有代表性的方法。

2.2.1　基于子空间特征的图像目标识别技术

在最近的几十年里，子空间方法在图像目标识别中取得了巨大成功。自主成分分析（PCA）和 Fisher 线性判别分析（FLDA）方法的提出以来，已经涌现出了大量的子空间学习方法来选择最能表达和区分图像目标的子空间[111]。这表明，尽管图像目标通常被表示为高维数组，但是在本质上是被嵌入一个低维子空间当中。

子空间方法有效地解决了在对高维数据设计分类器时遇到的“维数灾难问题”，并且压缩了由光照、人脸表情、噪声等因素引起的变化。

德国图形学家特尼鲍姆（Tenenbaum）将子空间方法应用到图像目标识别当中，他们采用主成分分析方法构造人脸特征子空间，也被称为特征脸，然后将图像目标在子空间中展开[112]。该方法的优点是，在给定维数的子空间中最大限度地保持了图像目标间的方差，去除了图像目标间的相关性，并且在图像目标为高斯分布的假设下，最大化了图像目标与对应身份间的互信息。特征脸方法的最大不足是，在学习人脸特征子空间的过程中，没有利用人脸的判别信息。所以求得的特征子空间并没有最大限度地反映人物身份间的判别信息。

针对特征脸方法缺少类判别信息的不足，FLDA 方法将人物身份信息融合到子空间的学习过程当中，扩大类间样本的间距，同时缩小类内样本的间距，进而最大化两者间的比值，有效地弥补了特征脸方法中的不足[113]。但是在通常情况下，图像目标识别是典型的小样问题，导致类内协方差矩阵是奇异的。KLDA 方法常常先使人脸特征经 PCA 进行降维，然后再采用线性判别（LDA）方法提取类判别信息[114]。因此，KLDA 方法也存在丢失类判别信息的情况。美国数学家卡姆贝尔（Campbell）提出了双空间线性判别分析（Dual-Space Linear Discriminant Analysis）保留了 KLDA 方法所丢失的类判别信息[115]。

2.2.2 基于流形特征的图像目标识别技术

流形学习是图像目标识别中一种新的维数降维方法，近年来，已经受到研究学者的广泛关注，其主要原因是图像目标被嵌入一个低维的流形当中。目前，已经提出了大量的相关算法被用来估计一组图像目标的固有流形结构，其中具有代表性的方法有局部线性嵌入（Local Linear Embedding，LLE）[116]、生成拓扑映射（Generative Topographic Mapping，GTM）[117]、等距映射（ISOMAP）[118]、Hessian 特征映射（HLLE）[119]、拉普拉斯特征映射（Laplacian Eigenmaps，LE）[120]、局部切空间排列（Local Tangent Space Alignment，LTSA）[121]。

LLE 方法利用一组线性系数对邻域上的数据点进行重构来表征局部几何信息，然后寻找一个低维的嵌入空间，使得该组系数在此空间中仍然适用于重构[122]。ISOMAP 方法保留了所有数据对的全局测地距离。LE 方法利用一个无向赋权图来表征一对数据点的邻近关系，然后对无向赋权图进行操作来保留局部信息[123]。LTSA 方法利用局部的切线信息来表征数据点的局部几何结构，然后进行排序得出一个全局坐标[124]。HLLE 方法首先在数据点的邻域上构造 Hessian 矩阵，然后对该矩阵进行特征值分析，最终获得数据点的低维表征[125]。以上方法存在一个共同的不足是只分析了已有数据点在低维嵌入空间中的位置，而并没有讨论如何将新的样本点映射到低维的流形空间中。因此，提出了许多线性化方法来解决这个问题，如局部保持映射（Locality Preserving Projections，LPP）和鉴别局部排列（Discriminative Locality Alignment，DLA）[126]。

目前，一些框架类的分析方法对于不同的流形算法包括相应的线性化方法进行了比较与总结。有专家提出一个系统框架来分析不同流形算法间的普遍属性与本质的区别，该框架由局部最优化和全局排列两部分组成。通过该框架对不同的流形算法进行分析，结果表明不同的流形算法在局部最优化阶段本质上是不同的，而在全局排列阶段几乎是完全相同的[127]。还有专家提出图嵌入框架（graph embedding framework）对较为流行的维数降维算法进行了统一的分析。该框架表明流形学习算法与传统的维数降维方法，如 PCA 和 FLDA 相比，更加有效地利用了特征的局部几何信息[128]。

2.2.3　基于局部特征的图像目标识别技术

图像目标常常受到年龄、姿态、表情、距离、遮挡及采集设备等因素的影响。同一个人的不同图像目标之间存在着较大的变化，这种变化甚至大于由身份不同所引起的变化。对于图像目标识别来说，如何提取出表示人脸身份的特征就变得尤为重要。在这里主要介绍两种较为流行的基于局部人脸特征的图像目标识别技术：局部二值模式（Local Binary Patterns，LBP）[129] 和 Gabor 滤波[130]。

日本图像学家欧加拉（Ojala）提出了 LBP 纹理分析算子，将原有的 LBP 算子的作用域从 3×3 的矩形上扩展到了任意半径的圆周上，并且通过双线性插值方式将原有的 8 个采样点扩展到任意个，并提出了具有旋转不变性统一模式的 LBP 算子[131]。中国图像学家文（Wen）首先将统一模式的 LBP 算子（Uniform LBP）应用到了图像目标识别中，并提出了一个新颖的人脸特征表达方法[132]。该方法将人脸分割成若干个不重叠的矩形子区域，在每个子区域中提取 Uniform LBP 特征，然后采用直方图统计每个子区域特征的分布，并且将统计结果相连接作为最终的人脸特征表达。在 FERET 数据库上的测试结果充分地证明该方法在具有强大区分能力的同时，对光照和表情的变化具有很好的鲁棒性。

中国图像学家赵（Zhao）提出轴 LBP 算子（Volume LBP），将 LBP 算子的作用域从二维的空间域扩展到了三维的时空域，描述了图像目标随时间变化的动态信息[133]。中国图像学家廖（Liao）提出多尺度块 LBP 算子（Multiscale Block LBP，MB－LBP）提高了多尺度 LBP 算子（Multiscale LBP）的鲁棒性和分辨率[134]。泰国图像学家禅（Chan）将 Multscale LBP 与 LDA 方法相结合提高了图像目标识别的准确度[135]。中国图像学家也对 LBP 算子提出改进，增强了 LBP 算子对光照变化的鲁棒性，并且减少了特征维数[136-138]。

Gabor 小波的特点是能够描述图像在特定频率段和特定方向上的频率

特征。希腊图像学家莱波德斯（Labdes）将 Gabor 小波变换引入图像目标识别当中，采用弹性连接结构（Dynamic Link Architecture，DLA）框架进行图像目标识别[139]。美国图像学家维斯卡特（Wiskott）扩展了该方法，提出基于 Gabor 小波的弹性束图匹配（Elastic Bunch Graph Matching，EB-GM）方法[140]。在该方法中，通过定义一个属性图来表达图像目标，其节点位于人脸的关键点上，如眼睛和鼻子尖等。属性图的边由关键点间的距离向量来标注，每一个节点含有一组 Gabor 小波的系数，被称为 Jet。因此，人脸的几何特征由属性图的边进行编码和局部表观特征由 Jet 进行编码。该方法利用一种优化搜索算法对人脸的关键点进行定位，构造其属性图，根据其与已知人脸属性图之间的相似度进行识别。中国图像学家刘（Liu）采用 Gabor 幅值来描述人脸特征，然后采用增强型 Fisher 线性判别模型（Enhanced Fisher Linear Discriminant Model）进行降维[141]。中国图像学家张（Zhang）对 Gabor 系数的相位进行编码，然后采用直方图对编码后的特征进行统计；对 Gabor 幅值图像进行 LBP 编码，有效地提高了人脸特征对光照变化的鲁棒性[142]。

2.2.4　基于全局特征的图像目标识别技术

基于全局特征的图像目标识别技术一般是将人脸作为一个整体输入，具有代表性的方法为全局空间分析法[143]。通过将目标图像投影到一个低维子空间，并按照某种规则寻找一组最佳的投影矩阵作为图像目标识别的特征。

全局空间分析法又可以分为线性全局空间分析与非线性全局空间分析。线性全局空间分析的代表算法有主成分分析（Principal Component Analysis，PCA）[144]、局部保持投影（Locality Preserving Projection、LPP）[145]、线性判别分析（Linear Discriminant Analysis，LDA）[146] 等；非线性全局空间分析的代表算法有核保局鉴别分析（Kernel Locality Preserving Discriminant Analysis，KLPDA）[147]、核主成分分析（Kernel Principal Component Analysis，KP-CA）[148] 等。

2.2.5　基于统计特征的图像目标识别技术

图像目标识别本身是一个相对较复杂的研究，因为图像目标本身就是一个相对较复杂的对象，从图像目标中提取出人脸特征则是一个更复杂的过程。因此，各国学者从基于人脸的几何特征的研究转移到基于人脸的统计特征，如特征脸（Eigenface）和隐马尔可夫模型（Hidden Markov Model，HMM）[149-150]。

意大利图像学家帝达奇（Didaci）提出真实人脸图片和素描图片相互转化的方法，即先把待识别数据库中的真实人脸图片转化成素描图片，然后进行识别。素描图片与真实人脸图片能够进行比对的前提是两种数据源图片具有可比性，把真实人脸图片转化成素描图片使之具有可比性[151]。中国图像学家刘（Liu）基于流形学习中的局部线性嵌入（Local Linear Embedding，LLE），利用局部线性逼近真实人脸图片与素描图片之间的非线性关系，实现素描图片和真实人脸图片的转换[152]。

中国图像学家唐（Tang）和王（Wang）两位学者在局部线性嵌入的基础上提出基于多尺度马尔可夫模型的素描图片的转化方法[153]。英国图像学家克莱尔（Klare）和简（Jain）提出基于局部 SIFT 特征的匹配法，即先对素描图片和人脸照片提取尺度不变特征转换（Scale-Invariant Feature Transform，SIFT）特征描述符，然后再进行匹配[154]。

肖冰提出基于嵌入式隐马尔可夫模型（Embedded Hidden Markov Model，E-HMM）的画像合成算法，该方法取得很好的识别效果[155]。克莱尔（Klare）提出基于局部特征识别分析（Local Feature-based Discriminant Analysis，LFDA）的方法，该方法使用局部二值模式（Local Binary Patterns，LBP）和尺度不变特征转换（SIFT）这两种特征描述符，在素描图片和人脸图片的模态方面性能良好[156-157]。

王宪提出基于 Gabor 小波变换与分块 PCA 的图像目标识别技术。首先对图像目标进行 Gabor 小波变换得到图像目标特征，然后用分块主分量分析方法对其进行降维、提取特征向量，最后用最近邻分类器分类识别[158]。周汐提出基于分块 LBP 的素描图像目标识别技术，采用 LBP 特征，并用

Adaboost 算法提取有效鉴别素描图像目标和可见光图像目标对应关系的特征块[159]。姚赛赛提出基于结构信息和特征信息结合的素描图像目标识别技术。采用 HOG+LDA 进行结构信息匹配，提出稀疏核原形表示的方法对特征信息进行表示[160]。

曹林提出改进 Surf 特征的素描图像目标识别技术。通过对人脸图片进行伪素描化，提取 Surf 特征点进行一致性优化来进行图像目标识别[161]。沙特图像学家克阿汉（Khan）提出基于 Self-Similarity 描述算子的素描图像目标识别技术。该技术首先从图片的局部区域提取特征，然后将同一区域的特征连接起来形成新的 Self-Similarity 描述算子，最后使用最近邻算法将素描图片与人脸图片进行匹配[162]。西班牙图像学家米塔尔（Mittal）提出一种使用转换学习与深度学习表示匹配复合草图与照片的新算法[163]。

第 3 章 图像目标识别中的特征提取

3.1 LBP 特征

LBP 是一种具有旋转不变性和灰度不变性等显著优点的描述算子，用来对图片的纹理特征进行描述。欧加拉首先提出可以通过对图片提取其 LBP 特征来表征图片的纹理特征，其后又在 PAMI 上提出改进的 LBP 算子，并对其进行详细阐述。改进后的 LBP 算子，相较于基本的 LBP 算子，具有旋转不变性、等价性等优点。

3.1.1 基本 LBP 算子

基本 LBP 算子是在一个 3×3 的窗口内进行定义的，以窗口中心点的像素值为阈值，将与该中心点相邻的 8 个像素点的像素值依次与之比较，如果 8 个像素点中的某个像素点的像素值比中心像素点的像素值大，那么该像素点的位置标记为 1，否则标记为 0。把这 9 个像素点均放在坐标系中，设中心像素点坐标为（0，0），取中心像素点的像素值为阈值，周围 8 个像素点分别位于坐标（-1，1）、（0，1）、（1，1）、（1，0）、（1，-1）、（0，-1）、（-1，-1）、（-1，0）上，则生成比较公式（3-1）。

$$s(g_i, g_c)=\begin{cases}1 & g_i \geqslant g_c \\ 0 & g_i < g_c\end{cases} \tag{3-1}$$

式中：g_c 为中心像素；g_i 为邻域像素。

由上面的定义可以看出，定义域中除中心像素点外，其他的 8 个像素点通过与中心像素点比较之后，再依次连接起来就可以得到一个 8 位的二进制数，一共有 256 种二进制数，通常将二进制数转换为十进制数，也就是 LBP 值进行使用，用这个值来反映该区域的纹理信息。求中心像素点的 LBP 值如图 3-1 所示。

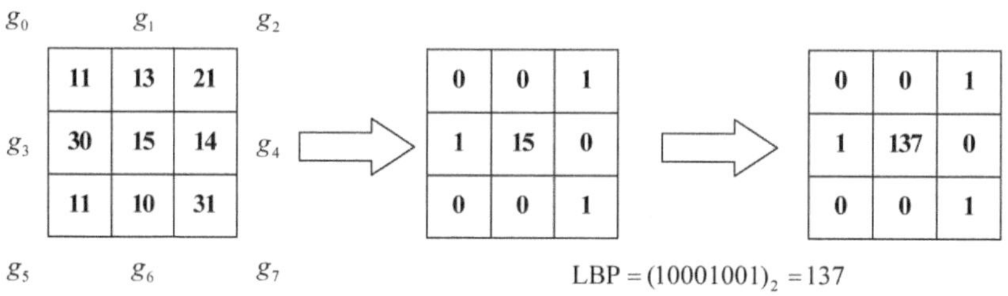

图 3-1　LBP 特征的计算实例

图 3-1 中，图像像素从十进制到二进制，再到 LBP 值的计算方法，如公式（3-2）所示。

$$\mathrm{LBP}=\sum_{i=0}^{7} s(g_i, g_c)2^i \tag{3-2}$$

原始图像经过 LBP 计算之后，其视觉效果及灰度直方图如图 3-2 所示。

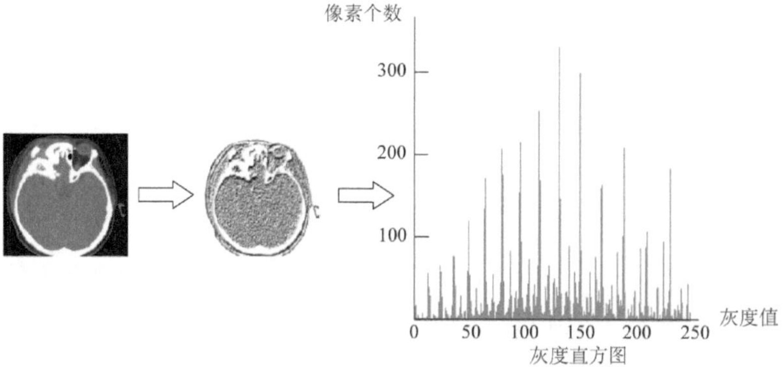

图 3-2　图像的 LBP 效果

3.1.2 圆形 LBP 算子

由于基本 LBP 算子是在一个固定边长为 3 的正方形区域上进行定义的，导致基本 LBP 算子不能满足不同尺寸和频率纹理的需求。欧加拉等学者通过对基本 LBP 算子进行发展和改进，使得改进后的 LBP 算子可以满足不同尺寸的要求，并具有灰度不变性和旋转不变性。

其改进方式是将算子定义中的邻域范围进行改进，由基本 LBP 算子的固定边长为 3 的正方形邻域扩展到半径为 R 的圆形邻域，通过对邻域进行改进后，摒弃基本 LBP 算子定义域中只能有 9 个像素点的弊端，取而代之的是在半径为 R 的圆形邻域内有任意多个像素点。

圆形 LBP 算子值的计算描述如下，设半径为 R 的邻域中包含有 N 个像素点，那么中心像素点的 LBP 值取值范围为 $0\sim 2^n-1$。中心像素点定义为 p_c，邻域中 N 个像素点的值为 p_1，…，p_n，则中心像素点处的 LBP 值如公式（3-3）所示。

$$\mathrm{LBP}_{p_c} = \sum s(p_c - p_i)2^{i-1} \tag{3-3}$$

三种典型的圆形 LBP 算子，如图 3-3 所示，分别代表了 LBP_8^1 算子、LBP_8^2 算子、LBP_{16}^2 算子。

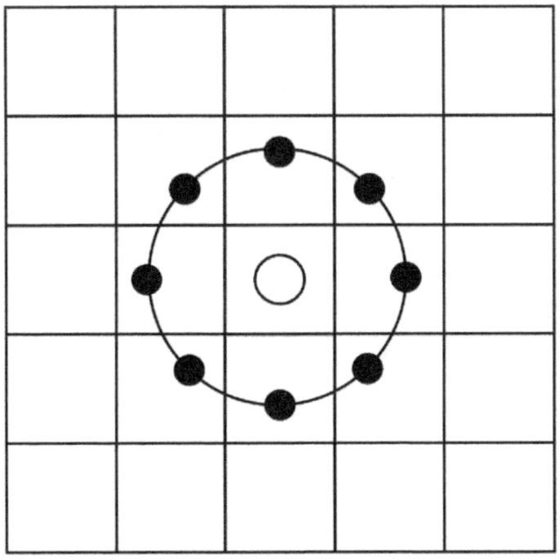

（a）LBP_8^1 算子

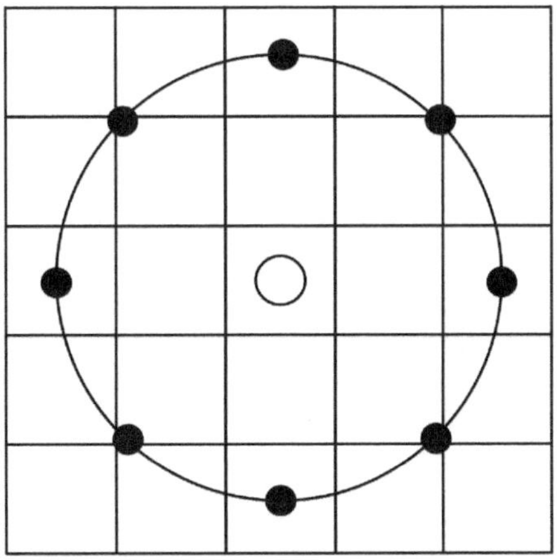

（b）LBP_8^2 算子

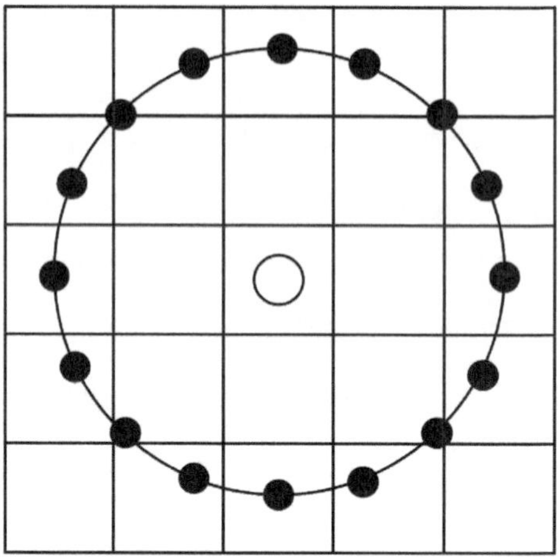

(c) LBP_{16}^{2} 算子

图 3-3 圆形 LBP 算子

3.1.3 LBP 算子的旋转不变性

基本 LBP 算子和圆形 LBP 算子对光照有一定的鲁棒性，但是在图像旋转方面存在很大的缺点。如果对图像的角度进行适当的变换，那么像素点 p_c 的领域会发生很大的变化，进而改变 p_c 的 LBP 值，从而影响其对图像目标识别的贡献。通过对图像旋转进行相关方面的研究之后，提出一种旋转不变的 LBP 描述子。

通过 LBP 旋转不变性计算 LBP 值的步骤：通过不断地旋转圆形邻域可以得到一系列的 LBP 值，然后选取所有值中的最小值作为最后的 LBP 值，如公式（3-4）所示。

$$\mathrm{LBP}_{P,R}^{r_i} = \min\{ROR(\mathrm{LBP}_{P,R}^{r}) \mid i = 0, \cdots, P-1\} \tag{3-4}$$

式中：$\mathrm{LBP}_{P,R}^{r_i}$ 表示半径为 R，包含 P 个点的领域的旋转不变的 LBP 值；$ROR(x, i)$ 函数为旋转函数，表示对 P 位二进制数 x 进行向右循环移位 i 次，$i<P$。

LBP 算子的旋转不变性特征，如图 3-4 所示。

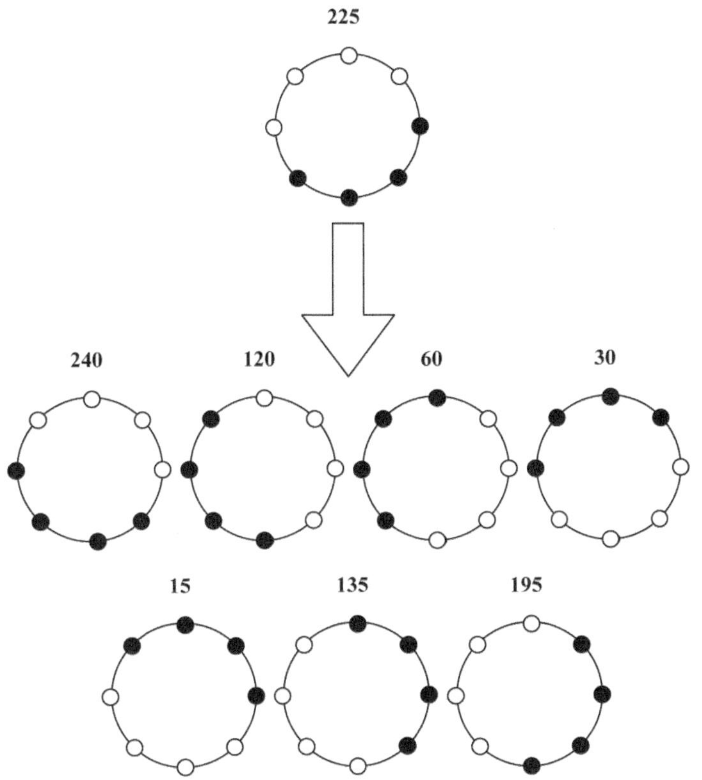

图 3-4　LBP 算子的旋转不变性特征

从图 3-4 中可以看到，在旋转的过程中通过对原始邻域进行 $P-1$ 次旋转，得到 $P-1$ 个 LBP 值，再加上原始邻域模型的 LBP 值，共有 P 种 LBP 值，然后在所有的 LBP 值中选取最小的 LBP 值作为该邻域的值。LBP 算子不仅没有固定邻域的缺点，还具有旋转不变的特性，所以在提取图片的纹理特征上更具有效果，其优点主要有两点：一是减少 LBP 模式的种类；二是在图像旋转方面有较好的性能。但是，LBP 算子也存在很大的缺点，那就是丢失方向信息，在很多情况下，方向信息也是非常重要的。

3.1.4　LBP 算子的等价模式

虽然 LBP 算子具有旋转不变的特性，但其在实际应用中并没有发挥很好的作用。

在对图片提取 LBP 算子的时候，改变图片中一个像素点的像素值就可能导致与该点相关的所有的 LBP 值改变，当有 P 个采样点落在半径为 R 的圆形区域中的时候，对应的 LBP 算子将会产生 $2P$ 种模式。当邻域内的采样点不断增加的时候，相对应的二进制模式的种类也是不断增加的，导致图片的纹理信息不易于被表达。因此，迫切需要解决的问题就是要对原始的 LBP 模式所占用的维度进行缩减，使得在减少 LBP 模式种类的同时仍能较好地代表图像的信息。

各种 LBP 模式出现的频率差异非常大，有些特定的模式出现频率达90%以上，其频率远远超过其他模式。这些高频率出现的模式的共同点是对应的二进制串中最多包含两次从 1 到 0 或者从 0 到 1 的跳变，这类模式叫作等价模式（uniform pattern）。例如，11110000、11101111、11001111等都是等价模式类。

当某个 LBP 对应的循环二进制数从 0 到 1 或从 1 到 0 最多有两次跳变时，该 LBP 所对应的二进制就称为一个等价模式类，如公式（3-5）所示。

$$U(G_p) = |s(p_{p-1} - p_c) - s(p_0 - p_c)| + \sum_{p=1} |s(p_p - p_c) - s(p_{p-1} - p_c)| \tag{3-5}$$

除上述定义的等价模式之外，剩下类型的模式统称为混合模式。由此可知，等价模式数量由原来的 2^P 种减为 $P(P-1)+2$ 种。例如，基本 LBP 算子在其邻域中共含有 8 个采样点，可以得到的二进制模式为 256 种，通过等价模式合并之后二进制模式减少到 58 种，此时得到的特征向量的维数相对较小，同时也可以减少高频噪声带来的影响。

将旋转不变模式与等价模式结合起来就可以得到旋转不变的等价模式，其种类可由 2^P 减少为 $P+1$。第 $P+1$ 类表示剩余的非等价模式，如公式（3-6）所示。

$$\mathrm{LBP}_{P,R}^{riu2} = \begin{cases} \sum_{p=0}^{p-1} s(p_p - p_c), & U(G_p) \leqslant 2 \\ P+1, & U(G_p) > 2 \end{cases} \tag{3-6}$$

式中：$U(G_p)$ 表示 0 到 1 或者 1 到 0 跳变的次数。

LBP 经过一系列的改进之后，不仅保留了灰度不变的特性，并且具有旋转不变的特性，同时 LBP 模式的种类也大大减少。表 3-1 中列出经过改进之后的模式维数。

表 3-1　LBP 算子的维数

模式	原始模式	等价模式	旋转不变等价模式
LBP_8^1	256	58	9
LBP_{16}^2	65536	242	17
LBP_{24}^3	16777216	554	25

3.1.5　LBP 特征的非参数统计

对图片中的各个像素点依次计算其 LBP 值，提取图片的特征之后，结果仍然是一张图片，所改变的只是图片中每个像素点的像素值。将经过 LBP 运算后的图像称为 LBP 图谱。我们一般采用非参数统计的方法对两个样本间的 LBP 直方图分布的相似性进行比较，采用这种方法的优点在于可以避免对特征分布做假设。可以用交叉熵的方法进行 LBP 的统计测定，这种方法称为 G 统计，也称为 Log 概率统计，如公式（3-7）所示。

$$G(S,\ M) = 2\sum_{b=1}^{B} S_b \log \frac{S_b}{M_b} = 2\sum_{b=1}^{B} [S_b \log S_b - S_b \log M_b] \tag{3-7}$$

式中：S、M 表示两个样本的 LBP 直方图分布；S_b 和 M_b 分别表示两个样本的 LBP 直方图中第 b 个 Bin 的概率分布；B 表示 LBP 直方图的总 Bin 数。

3.1.6　图像目标识别中的 LBP 特征提取

LBP 算子从一开始提出，就受到广大学者的关注，从基本 LBP 算子开始不断发展，圆形 LBP 算子、LBP 旋转不变模式、LBP 等价模式越来越具有良好的性能，由于其具有旋转不变和灰度不变的特性，使得 LBP 算子在图像识别领域得到快速的发展。

在工业领域上，LBP 可进行金属表面检测及描述汽车阀门引擎的瑕疵。在图像恢复领域上，LBP 被作为纹理特征在图像恢复系统中发挥作用。在人脸分析方面，LBP 由于具有旋转不变的特性以及对光照变化的鲁棒性，使得 LBP 作为一种单独的特征为人脸识别、人脸表情分析作出相应的贡献。

前面提到的 LBP 算子都是在原始图像的基础上将人脸的特征简化，不管原始图像有多大，提取 LBP 特征后得到的特征维数都是 2^N（N 为邻域圆周上的像素点的个数），这样的表征方式表达的信息不够丰富，不能完整地表征人脸的所有信息。

为能够更加丰富地表达人脸的特征信息，在原始 LBP 的基础上，提出了一种包含分块思想的 LBP 算子。该算子的主要思想是：先将原始的灰度图像按照一定的策略分割成特定大小的子块图像，然后对每一个子块图像进行 LBP 特征提取并计算其直方图，最后将所有子块的直方图整合起来，形成整个图像的特征直方图。

在基于分块 LBP 特征的提取过程中，分块的方式对识别效果有很大的影响，对图像恰当地分块，能有效地提取局部纹理特征。过少的分块不足以体现人脸的局部纹理细节；过多的分块又容易产生特征冗余，使识别率下降，同时也会增大特征维数，增加计算量。

根据图像目标识别认知理论，人类在图像目标识别认知过程中主要依靠人脸的结构信息和特征信息，结构信息即全局特征，特征信息即局部特征，局部特征越明显，就越容易对人脸进行辨识。日常生活中对某人进行观察的时候，首先看的是这个人的面部器官：眼睛、鼻子、嘴巴等。所以对图像进行分块的时候，分块中如果包含面部器官的块，那么局部特征更加明显。

3.2　Gabor 特征

3.2.1　Gabor 滤波

Gabor 函数是由一组被复指数调节的高斯函数所构成。将信号投影到这些初等函数上对其进行编码，这个分解过程相当于高斯窗的傅里叶变换。二维 Gabor 变换对一维 Gabor 函数进行了扩展，并将其应用在对图像的表征上。由于二维 Gabor 函数所具有的独特属性和生物意义，一经提出就引起了各界学者的广泛关注。在生物意义方面，二维 Gabor 函数与哺乳动物视觉皮层中的简单细胞感受野具有近似的形状，实验证明两者的差异很小。在图像表征方面，二维 Gabor 变换具有空间局部性和方向选择性的显著特征，可以有效地提取图像在特定位置和可选择方向上的不同空间尺度的特征。因此，对于图像目标识别问题来说，采用二维 Gabor 变换对图像目标进行特征提取，可以有效地表达图像目标，并且对光照、人脸表情等因素的变化具有良好的鲁棒性。

Gabor 函数是由一个固定窗口宽度的高斯函数与频率可调的谐波的乘积所构成，如公式（3−8）所示。

$$\Psi(t) = \exp(-\alpha^2(t-t_0)^2)\exp(j2\pi f_0 t+\varphi) \tag{3-8}$$

式中：α 表示高斯函数的形状决定其时域区间和频谱带宽；时间偏移量 t_0 表示高斯函数的时间位置；f_0 表示谐波的频率；φ 定义了谐波的初相角。

Gabor 函数的傅里叶变换形式，如公式（3−9）所示。

$$\Psi(t) = \sqrt{\frac{\pi}{\alpha^2}}\exp\left(-\left(\frac{\pi}{\alpha}\right)^2(f-f_0)^2\right)\exp(j2\pi t_0(f-f_0)+\varphi) \tag{3-9}$$

从公式（3−8）和公式（3−9）得到 Gabor 函数两个重要的性质：Gabor 函数在时域和频域中都是高斯函数包络的振荡波，其幅值在时域和频域的形式都是高斯函数；在时域中高斯函数位于时间 t_0 处，在频域中高斯函数位于频率 f_0 处，如果增大带宽 α 的取值，高斯函数在时域的波形变得更窄，可以更加精确地描述信号在时间 t_0 处信息，而在频域中高斯函数的波形变得更宽，则降低了对信号在频率 f_0 处的描述精度。从以上性质可以看出，Gabor 函数可以同时提取信号在时域和频域中的信息。

二维 Gabor 滤波器将 Gabor 函数扩展到了二维的形式上，并可以证明二维 Gabor 滤波器在最小化二维不确定性的意义上是最优的。二维 Gabor 滤波函数（Gabor 核）在空间域上的定义，如公式（3-10）所示。

$$\Psi_{\mu,v}(\vec{z})=\frac{\|\vec{k}_{\mu,v}\|}{\alpha^2}\exp\left(-\frac{\|\vec{k}_{\mu,v}\|^2\|\vec{z}\|^2}{2\alpha^2}\right)\left[\exp(i\vec{k}_{\mu,v}\vec{z})-\exp\left(-\frac{\sigma^2}{2}\right)\right] \tag{3-10}$$

式中：$\vec{k}_{\mu,v}=k_v e^{i\varphi_\mu}$；$\vec{z}=(x,y)$；$k_v$ 决定了 Gabor 核的频域中心；φ_μ 是高斯函数主轴与平面波的旋转角度；$\frac{\sigma}{k_v}$ 决定了高斯窗口的宽度；复波 $\exp(i\vec{k}_{\mu,v}\vec{z})$ 决定了 Gabor 核的振荡部分；常数项 $\exp\left(-\frac{\sigma^2}{2}\right)$ 用于补偿直流分量，来消除图像亮度绝对值的变化对 Gabor 核函数响应的影响。由于 Gabor 核函数通过改变向量 $\vec{k}_{\mu,v}$ 进行尺度和方向的变化都是从一个滤波器（母小波）中得到的，所以 Gabor 核函数是自相似的。

二维 Gabor 核的频域表达形式，如公式（3-11）所示。

$$\begin{aligned}\Psi_{u,v}(u,v)=&2\pi\exp\left(-\frac{\pi^2}{f^2}(\gamma^2(u'-f)^2+\eta^2v'^2)\right)\\&-2\pi\exp\left(-\frac{\pi^2}{f^2}(\gamma^2u'^2+\eta^2v'^2)-\frac{\sigma^2}{2}\right)\end{aligned} \tag{3-11}$$

$$u'=u\cos\theta+v\sin\theta \tag{3-12}$$

$$v'=-u\sin\theta+v\cos\theta \tag{3-13}$$

式中：$f=\frac{k_v}{2\pi}$；$\gamma=\eta=\frac{\sigma}{\sqrt{2}\pi}$。

从公式（3-10）可以看出，频域的 Gabor 函数也是高斯函数，且频域的中心点 f 与 k_v 成正比，所以可以通过调节 k_v 提取信号在不同频率的特性。公式（3-10）与公式（3-11）中的高斯窗口的宽度成反比，k_v 越大，时域的高斯窗口就越窄，精度就越高，而在频域中的高斯窗口就越宽，在频域中的描述精度有所下降。

二维 Gabor 滤波器在三维空间中如图 3-5 所示。

图 3-5（a）与图 3-5（b）具有相似的形状，只是在相位角上存在差异。在图 3-5（c）中，二维 Gabor 滤波器只在特定的频域内为正值提取图像在特定频段上的特征。

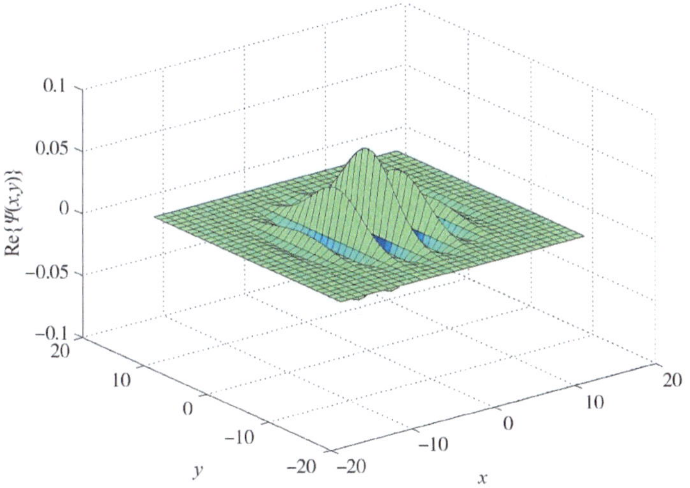

（a）二维 Gabor 滤波器的实部

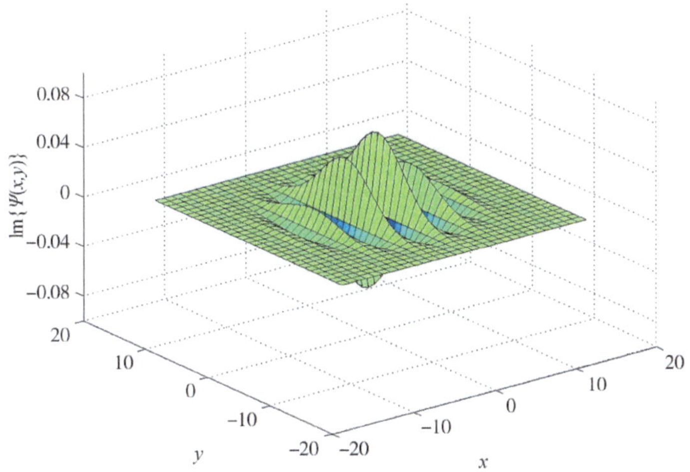

（b）二维 Gabor 滤波器的虚部

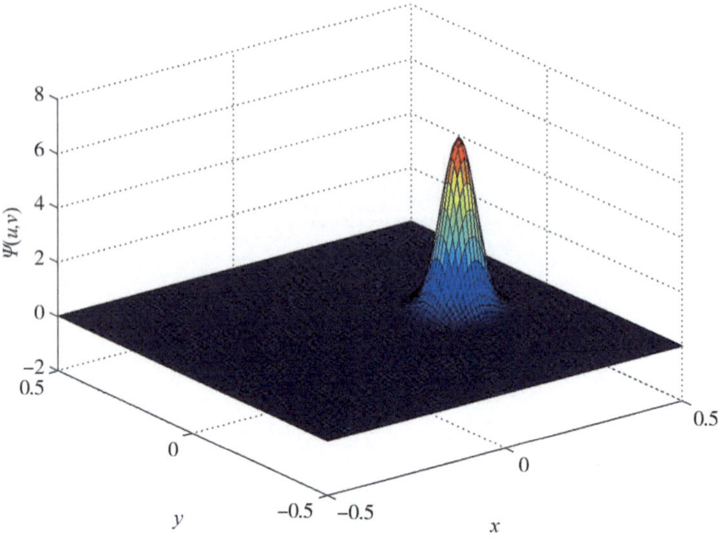

（c）频域的二维 Gabor 滤波器

图 3-5　二维 Gabor 滤波器

给定一幅图像 $I(x, y)$，通过公式（3-10）中描述的 Gabor 核函数对图像 $I(x, y)$ 进行滤波，即卷积运算，提取图像的 Gabor 特征如公式（3-14）所示。

$$\begin{aligned} g_{\mu,v}(x, y) &= \int_{-\infty}^{\infty}\int_{-\infty}^{\infty}\psi_{\mu,v}(a, b)I(x-a, y-b)\,\mathrm{d}a\mathrm{d}b \\ &= \int_{-\infty}^{\infty}\int_{-\infty}^{\infty}\psi_{\mu,v}(x-a, y-b)I(a, b)\,\mathrm{d}a\mathrm{d}b \\ &= (I*\psi_{\mu,v})(x, y) \\ &= (\psi_{\mu,v}*I)(x, y) \end{aligned} \tag{3-14}$$

式中：$*$ 为卷积运算符号。

对于二维的离散图像，公式（3-14）的离散形式为公式（3-15）。

$$g_{\mu,v}(m, n) = \sum_{i=-\frac{M}{2}}^{\frac{M}{2}}\sum_{j=-\frac{N}{2}}^{\frac{N}{2}}\psi_{\mu,v}(i, j)I(m-i, n-j) \tag{3-15}$$

式中：(m, n) 为图像的像素点坐标；M、N 分别为 Gabor 核函数模板的高和宽，在通常情况下，与图像 $I(x, y)$ 的大小相同；响应图像 $g_{\mu,v}(m, n)$ 的大小与原始图像 $I(x, y)$）保持不变。

在通常情况下，采用单一的 Gabor 核函数对图像进行描述是远远不够的，需要采用不同频率 k_v 和方向 φ_μ 的 Gabor 核函数对图像进行描述，提取图像在不同尺度和方向上的特征。频率 k_v 通常按照对数等比例方式进行选取，如公式（3-16）所示。

$$k_v = c^{-v} k_{\max} \tag{3-16}$$

式中：$k_{\max}$ 为最大频率（最小尺度），若按照整倍频程分配，取 $c=2$；若按照半倍频程分配，取 $c=\sqrt{2}$；v 为尺度的个数。

在通常情况下，将滤波器的方向 φ_μ 均匀地分布在 $[0, 2\pi)$ 的区间上如公式（3-17）所示。

$$\varphi_\mu = \frac{\mu 2\pi}{n} \tag{3-17}$$

由于实值图像在 $[\pi, 2\pi)$ 上的响应图像与在 $[0, \pi)$ 上的响应图像是复共轭的，所以仅需要将 φ_μ 均匀地分布在 $[0, \pi)$ 区间上即可，如公式（3-18）所示。

$$\varphi_\mu = \frac{\mu\pi}{n} \tag{3-18}$$

式中：n 为方向的个数。

3.2.2　图像目标识别中的 Gabor 特征提取

图像目标的 Gabor 特征表达是通过将图像目标与公式（3-10）定义的二维 Gabor 滤波器进行卷积运算得到。在本节中，根据公式（3-16）和公式（3-17）选择不同方向、尺度的 Gabor 核函数。

设公式（3-16）中的参数 $k_{\max} = \frac{\pi}{2}$、$c=\sqrt{2}$、$v=5$，即 $v=\{0, 1, 2, 3, 4\}$。

设公式（3-17）中的参数 $n=8$，即 $\mu = \{0, \cdots, 7\}$。另外，参数 σ 取值为 $\sigma = 2\pi$。根据以上参数的设定，获得 8 个方向、5 个尺度共 40 个 Gabor 核

函数，如图3-6所示。其中，图3-6（a）展示了40个Gabor核函数的实部，图3-6（b）展示了Gabor核函数在5个尺度上的幅值。

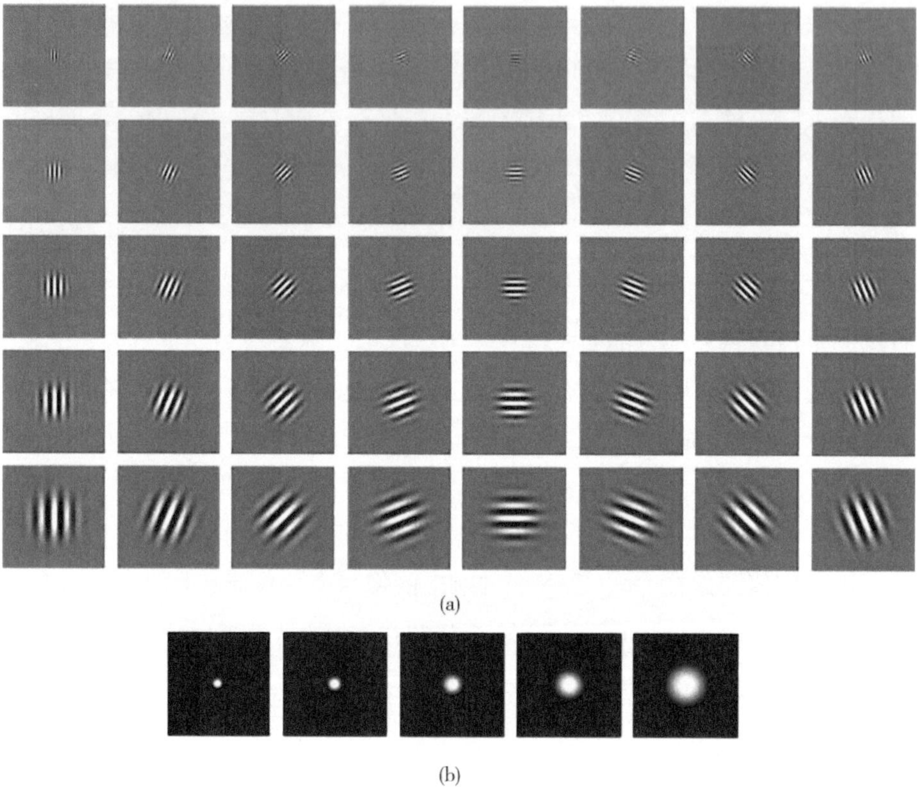

图3-6　Gabor核函数

设$I(\vec{z})$、$\vec{z}=(x, y)$为一幅人脸灰度图像，$O_{\mu, v}(\vec{z})$为Gabor核函数$\psi_{\mu, v}(\vec{z})$对$I(\vec{z})$进行滤波后的响应图像，则变换过程如公式（3-19）所示。

$$O_{\mu, v}(\vec{z})=I(\vec{z})\psi_{\mu, v}(\vec{z}) \tag{3-19}$$

得到由40个不同尺度、不同方向上的响应图像组成的Gabor特征集合，可以表示为$S=\{O_{\mu, v}(\vec{z}): \mu\in\{0, \cdots, 7\}, v\in\{0, \cdots, 4\}\}$。由于$\psi_{\mu, v}(\vec{z})$为复函数，所以卷积后响应图像$O_{\mu, v}(\vec{z})$中的元素也为复数，将其改写成实部响应与虚部响应和的形式，如公式（3-20）所示。

$$O_{\mu,v}(\vec{z}) = \mathrm{Re}\{O_{\mu,v}(\vec{z})\} + i\mathrm{Im}\{O_{\mu,v}(\vec{z})\} \tag{3-20}$$

式中：Re 表示实部响应；Im 表示虚部响应。

因为卷积变换为线性变换，所以 $\mathrm{Re}\{O_{\mu,v}(\vec{z})\}$ 和 $\mathrm{Im}\{O_{\mu,v}(\vec{z})\}$ 可以通过 $\psi_{\mu,v}(\vec{z})$ 的实部与虚部分别与 $I(\vec{z})$ 进行卷积求得，如公式（3-21）所示。

$$\mathrm{Re}\{O_{\mu,v}(\vec{z})\} = I(z) * \mathrm{Re}\{O_{\mu,v}(\vec{z})\} \tag{3-21}$$

式中：符号 * 表示卷积运算。

基于 Gabor 特征的人脸表达主要有两种方式：一种是采用 Gabor 滤波器输出的相位信息；另一种是采用 Gabor 滤波器输出的幅值信息。由于其实部响应和虚部响应在图像的边缘处产生振荡，因此不利于进行图像目标识别。Gabor 滤波器输出的幅值信息对图像局部能量分布进行了描述，具有较好的稳定性，有利于进行人脸匹配。Gabor 滤波器输出的相位信息随着位置的变化会产生旋转，不利于图像目标识别，但在人脸特征点的定位方面具有良好的属性。因此，本节采用 Gabor 滤波器输出的幅值信息作为人脸特征表达，如图 3-7 所示。

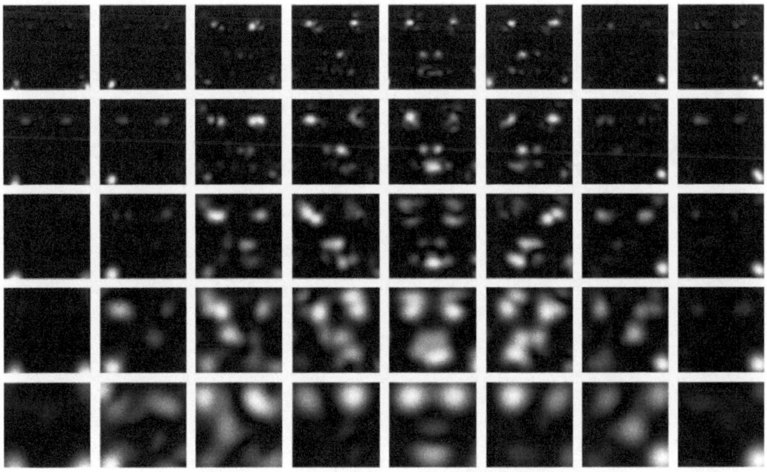

图 3-7　Gabor 核函数滤波图像

根据卷积定理，公式（3-19）中的卷积运算可以通过快速傅里叶变换转化为频域中简单的乘法运算，再通过反傅里叶变换得到响应图像 $O_{\mu,v}(\vec{z})$，如公式（3-22）和公式（3-23）所示。

$$\Im(O_{\mu,v}(\vec{z}))=\Im(I(\vec{z}))\Im(\psi_{\mu,v}(\vec{z})) \tag{3-22}$$

$$O_{\mu,v}(\vec{z})=\Im^{-1}\{\Im(I(\vec{z}))\Im(\psi_{\mu,v}(\vec{z}))\} \tag{3-23}$$

式中：$\Im$ 和 $\Im^{-1}$ 分别表示傅里叶变换和反傅里叶变换。

给定一幅大小为 128×128 的图像，经过 8 个方向、5 个尺度的 Gabor 核函数在图像的每个像素点进行滤波后产生维数为 128×128×40=655360 的 Gabor 特征，如此高的维数对识别算法的计算速度和计算机的存储量将带来巨大的挑战。在本节中采用下采样的方式进行维数降维，如下采样因子为 64 时，Gabor 特征的维数降为 16×16×40=10240，效果如图 3-8 所示。

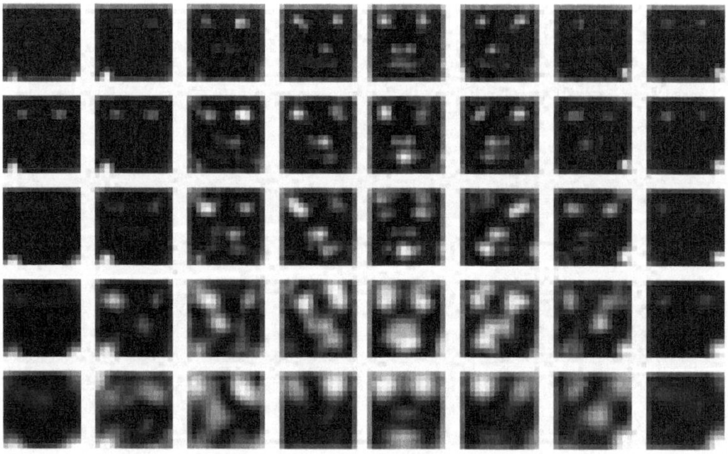

图 3-8　下采样后的 Gabor 特征

3.3　HOG 特征

3.3.1　HOG 方向梯度算子

方向梯度直方图（Histogram of Oriented Gradient，HOG）特征是一种描

述算子，在计算机视觉和图形图像处理领域得到广泛应用，主要用来对图形的形状进行描述。通过对输入图片计算其方向梯度直方图，可以得到输入图片的 HOG 特征，该方法与边缘直方图、尺度不变特征变换以及形状上下文方法有很多相似之处。由于计算 HOG 特征的过程中需要将图片按照网格分割为同等大小的子块，所以导致 HOG 与上述几种方法之间存在着明显的区别。

在一张给定的图片中，通过计算该图片数据的梯度以及边缘的方向密度分布，能够得到图片的整体表面信息以及边缘形状，图片的结构信息通过方向梯度直方图特征得到定量的表述，其本质为主要存在于图片的各个边缘地方的梯度的统计信息。

3.3.2　图像目标识别技术中的 HOG 特征提取

首先，将给定的图片按照相同的规格大小分成若干个小的子块，把分成的子块称为细胞单元。其次，依次采集，得到各个细胞单元中各像素点的直方图。最后，依次把这些直方图连接起来，就得到整张图片的方向梯度直方图。

HOG 特征提取具体步骤为以下七步。

第一步，对图片进行适当的预处理，主要包括对图片的灰度化和 Gamma 校正。其中，Gamma 校正公式如公式（3-24）所示。

$$I(x, y) = I(x, y)\text{Gamma} \tag{3-24}$$

第二步，对已经预处理的图片进行分块，每块大小为 $s \times s$，重叠大小为 u。将上述分块中的每个子块再分割为 $y \times y$ 块（即 cell），相邻的四个 cell 组成一个 block，且 block 不重叠。

第三步，计算图片位置（x，y）处像素点的横向梯度和纵向梯度，如公式（3-25）和公式（3-26）所示。

$$G_x(x, y) = H(x+1, y) - H(x-1, y) \tag{3-25}$$

$$G_y(x, y) = H(x+1, y) - H(x, y-1) \tag{3-26}$$

式中：$G_x(x, y)$、$G_y(x, y)$、$H(x, y)$ 分别表示像素点（x，y）处的水平方向梯度、垂直方向梯度和像素值。

第四步，计算每个 cell 的特征向量。

第五步，将 block 中的 4 个 cell 的特征向量连接起来，形成每个 block 的特征向量。

第六步，将每个块中所有 block 的特征向量连接起来，形成该块的特征向量。

第七步，把所有图片块的特征向量连接起来，得到整张图片的 HOG 特征向量。

3.4 Hu 矩特征

3.4.1 Hu 不变矩

矩在力学上用于表征物体空间的分布，而在概率与统计学中则用它来表征随机量的分布情况，若把二值图像或灰度图像看作二维密度分布函数，就可以把矩应用于图像分析中。Hu 矩不变量，是通过使用矩的非线性组合得出了一套具有比例不变性、平移不变性和旋转不变性的矩不变量。

Hu 矩不仅具有缩放、平移、旋转等不变性，还可以基于人脸局部轮廓进行计算。而其他的多种几何矩基本都是针对目标区域进行计算，目标区域会随着实验环境的变化而变化，这样就增加了受噪声干扰的概率且实时计算量很大。

Hu 矩虽然有数学的定义，但它的运用也体现出了其他的含义。比如在图像处理中，如果将图像灰度的密度分布看作一块质量密度分布不均匀的薄片，那么对于图像灰度分布的一些计算可以延伸到对薄片物理量方面的计算。为了方便理解和计算，可以把一幅灰度图像的零阶矩看作一块薄片的总质量，而一阶矩则可以看作薄片的重心位置等。

这里要特别说明的是零阶矩、一阶矩、二阶矩和三阶矩都是低阶矩，低阶矩可以很好地反映图像目标中物体的旋转半径、图像椭圆、主轴方向角等物理量，而三阶及三阶以上矩主要用来描述图像目标的细节。Hu 利用低阶矩构造出的 7 个不变矩可以把目标区域的轮廓特征描述出来，使计算量满足实时性，也因为它的优势，使得它在图像匹配、边缘提取和识别中被广泛使用。

3.4.2　图像目标识别技术中的 Hu 矩特征提取

Hu 矩提取方法按以下步骤完成。

第一步，根据图像像素信息计算线性积分，如公式（3-27）所示。

$$\Re_{pq} = \int_C m^p n^q \mathrm{d}s \tag{3-27}$$

式中：C 代表了目标图像中的曲线特征；(m, n) 代表了曲线 C 上的像素点；$\mathrm{d}s = \sqrt{(\mathrm{d}m)^2 + (\mathrm{d}n)^2}$，代表了微元；$p$ 和 q 是非负整数；当 $p = q = 0$，$\Re_{00}$ 是曲线 C 的长度。

第二步，计算曲线 C 上的中心矩 $(p + q)$，如公式（3-28）所示。

$$\theta_{pq} = \iint_C (m - \bar{m})^p (n - \bar{n})^q \mathrm{d}s \tag{3-28}$$

式中：参数 $\bar{m} = \dfrac{\Re_{10}}{\Re_{00}}$；参数 $\bar{n} = \dfrac{\Re_{01}}{\Re_{00}}$。

第三步，Hu 矩中的 7 个不变矩，计算如下。

$$h_1 = \theta_{20} + \theta_{02} \tag{3-29}$$

$$h_2 = (\theta_{20} - \theta_{02})^2 + 4\theta_{11} \tag{3-30}$$

$$h_3 = (\theta_{30} - 3\theta_{12})^2 + (3\theta_{12} - \theta_{03})^2 \tag{3-31}$$

$$h_4 = (\theta_{30} + \theta_{12})^2 + (\theta_{21} + \theta_{03})^2 \tag{3-32}$$

$$\begin{aligned} h_5 = {} & (\theta_{30} - 3\theta_{12})(\theta_{30} + \theta_{12})[(\theta_{30} + \theta_{12})^2 - 3(\theta_{21} + \theta_{03})] \\ & + (3\theta_{12} - \theta_{21})(\theta_{21} + \theta_{03})[3(\theta_{30} + \theta_{12})^2 - (\theta_{21} + \theta_{03})^2] \end{aligned} \tag{3-33}$$

$$\begin{aligned} h_6 = {} & (\theta_{20} - \theta_{02})[(\theta_{30} + \theta_{12})^2 - (\theta_{21} + \theta_{03})^2] \\ & + 4\theta_{11}(\theta_{30} + \theta_{12})(\theta_{21} + \theta_{03}) \end{aligned} \tag{3-34}$$

$$h_7 = (3\theta_{21} - \theta_{03})(\theta_{30} + \theta_{12})[(\theta_{30} + \theta_{12})^2 - (\theta_{21} + \theta_{03})^2] - (\theta_{30} - 3\theta_{12})(\theta_{21} + \theta_{03})[3(\theta_{30} + \theta_{12})^2 - (\theta_{21} + \theta_{03})^2] \tag{3-35}$$

3.5 本章小结

本章针对图像目标识别技术中所需的典型特征进行了阐述和分析。在LBP特征中，分析了基本LBP算子、圆形LBP算子、LBP算子的旋转不变性、LBP算子的等价模式、LBP特征的非参数统计，给出了LBP特征提取方法。在Gabor特征中，分析了Gabor滤波器及其核函数的构造方法，给出了多尺度Gabor特征的提取和计算方法。在HOG特征中，分析了HOG特征的优势，给出了HOG特征的计算方法。在Hu矩特征中，分析了Hu矩特征的优势，给出了Hu矩特征的7个不变矩的计算方法。

第 4 章　基于 PCA 多特征融合的图像目标识别技术

4.1　图像预处理

为了保证特征提取的准确性，一般需要对图像目标进行预处理，包括几何归一化、灰度重映射、掩模处理、特征点标记等。根据不同的任务需求，可以选择多种预处理手段搭配，本章主要介绍几何归一化、灰度重映射。

4.1.1　几何归一化

一种简单有效的几何归一化方法：根据人两眼的坐标将识别到的人脸区域经过旋转、平移及缩放映射到统一的标准模板上，使得目标图像的大小保持一致，并且将两眼的坐标固定在指定的位置上。图像目标的几何形状的标准模板如图 4-1 所示，h 和 w 为模板的高度和宽度，两眼中心间的距离为 $w/2$，两眼中心与模板左右边界的距离为 $w/4$，眼睛中心与模板上边界和下边界的距离分别为 $h/4$ 和 $3h/4$。

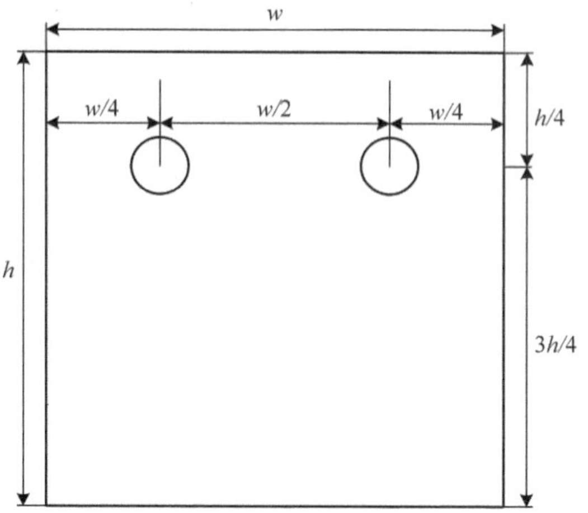

图 4-1　人脸几何形状模板

假设在图像目标中，左眼中心点的坐标为（x_l，y_l），右眼中心点的坐标为（x_r，y_r），则两眼中心点的连线与水平方向的夹角为：

$$\theta = \arctan \frac{y_r - y_l}{x_r - x_l} \tag{4-1}$$

两眼中心连线的中点坐标（x_c，y_c）为：

$$(x_c, y_c) = \left(\frac{x_l + x_r}{2}, \frac{y_l + y_r}{2}\right) \tag{4-2}$$

以两眼中心连线的中点为中心，将图像逆时针旋转，使得两眼保持在同一条水平线上，旋转变换为：

$$x_1 = x\cos\theta + y\sin\theta - x_c\cos\theta - y_c\sin\theta + x_c \tag{4-3}$$

$$y_1 = - x\sin\theta + y\cos\theta + x_c\sin\theta - y_c\cos\theta + y_c \tag{4-4}$$

$$R(x_1, y_1) = R(x, y) \tag{4-5}$$

式中：（x，y）为原图像像素点的坐标；（x_1，y_1）为经旋转后图像像素点的坐标；$R(x, y)$ 和 $R(x_1, y_1)$ 分别为旋转前和旋转后图像的像素值。

确定人眼位置关系后，再对人脸区域进行缩放，缩放因子如公式（4-6）所示。

$$s = \frac{w}{2\sqrt{(x_r - x_l)^2 + (y_r - y_l)^2}} \tag{4-6}$$

在以上几何归一化的过程中，有一个值得注意的问题：通过公式（4-3）和公式（4-4）得到的像素点坐标（x_1，y_1）可能不是整数，导致在旋转后的图像中找不到相应的像素点。为了解决这个问题，通常采用的方式是将图像目标的标准模板映射到原图像中，然后求得对应的像素值。该映射变换为：

$$x = \frac{1}{s}x_2\cos\theta - \frac{1}{s}y_2\sin\theta - \frac{w}{2s}\cos\theta + \frac{h}{4s}\sin\theta + x_c \tag{4-7}$$

$$y = -\frac{1}{s}x_2\sin\theta + \frac{1}{s}y_2\cos\theta - \frac{w}{2s}\sin\theta - \frac{h}{4s}\cos\theta + y_c \tag{4-8}$$

$$R(x_2,\ y_2) = R(x,\ y) \tag{4-9}$$

式中：（x_2，y_2）为标准模板中像素点的坐标；$R(x_2,\ y_2)$ 为相应的像素值；$R(x,\ y)$ 为原图像的像素值。尽管在公式（4-7）和公式（4-8）求得的坐标点（x，y）中，仍然存在非整数的坐标点，但是可以通过二次插值的方法估计出这些点对应的像素值。

设（a，b）为原图像中一个像素点的坐标，若 $a < x < a + 1$，$b < y < y + 1$，则通过二次插值估计点（x，y）处的灰度值 $R(x,\ y)$ 为：

$$R_1 = (1 + a - x)R(a,\ b) - (a - x)R(a + 1,\ b) \tag{4-10}$$

$$R_2 = (1 + a - x)R(a,\ b + 1) - (a - x)R(a + 1,\ b + 1) \tag{4-11}$$

$$R(x,\ y) = (1 + b - y)R_1 - (b - y)R_2 \tag{4-12}$$

4.1.2　灰度重映射

在图像采集的过程中，由于受到光照明暗度及照射角度等因素变化的影响，图像目标在灰度值上发生明显的变化，对系统的识别性能有较大的影响，因此需要对采集到的图像目标的灰度值进行规范化的处理。当图像为彩色图像时，一般先将其转化为灰度图像，再进行灰度值规范化的处理，主要是因为在现有的图像目标识别方法中大多数的方法是基于灰度图像的。本小节详细描述两种常用的图像灰度规范化方法：直方图均衡化和灰度归一化。

直方图均衡化是利用直方图对图像的灰度值在灰度级上的分布进行统

计，然后利用直方图的统计结果来改变像素点的灰度值，使得经处理后的图像的灰度值均匀地分布在整个灰度级上。这样做的好处是可以丰富图像的灰度级，通过拉伸过暗区域的灰度值分布和压缩过亮区域的灰度值分布，使得图像变得清晰和具有较高的对比度，同时扩大了图像的动态范围。

直方图均衡化的变换函数如公式（4-13）所示。

$$s = T(r) = \int_{0}^{r} p_r(w)\,\mathrm{d}w \tag{4-13}$$

式中：w 为积分变量；r 为原始灰度值；s 为变换后的灰度值；$p_r(w)$ 为 r 的概率密度函数。该变换保持了变换后的灰度值从暗到明的顺序，并且不改变原始像素间灰度值的大小关系。

对于离散的灰度级，其变换函数的离散形式如公式（4-14）所示。

$$s_k = T(r_k) = \sum_{j=0}^{k} P_r(r_j) = \sum_{j=0}^{k} \frac{n_j}{n} \tag{4-14}$$

式中：n 为图像像素点的总数。

n_k 为在第 k 个灰度级 r_k 上出现的像素点的个数，所以像素点在第 k 个灰度级上的概率近似表示为：

$$p_r(r_k) = \frac{n_k}{n} \tag{4-15}$$

灰度归一化是另一种被广泛使用的图像灰度规范化的方法，其主要目的是使图像具有相同的均值和方差。该方法可以有效地减小光照变化对图像目标的影响和提高图像的对比度。

灰度归一化具体过程如公式（4-16）所示。

$$I'(i,\ j) = \begin{cases} M_0 + \sqrt{\dfrac{VAR_0(I(i,\ j) - M)^2}{VAR}},\ I(i,\ j) > M \\ M_0 - \sqrt{\dfrac{VAR_0(I(i,\ j) - M)^2}{VAR}},\ I(i,\ j) \leqslant M \end{cases} \tag{4-16}$$

$$M = \frac{1}{H \times V} \sum_{j=1}^{V} \sum_{i=1}^{H} I(i,\ j) \tag{4-17}$$

$$VAR = \frac{1}{H \times V}\sum_{j=1}^{V}\sum_{i=1}^{H}(I(i,\ j) - M)^2 \tag{4-18}$$

式中：M 为图像均值；VAR 为图像方差；V 和 H 分别代表图像矩阵的行数和列数；$I(x,\ y)$ 和 $I'(x,\ y)$ 分别为灰度归一化前后的图像在像素 $(i,\ j)$ 处的灰度值；M_0 和 VAR_0 分别代表灰度归一化后的图像的期望均值和期望方差，M_0 用于调节图像的整体亮度，VAR_0 控制图像的对比度的变化。

4.2　多特征融合策略分析

图像目标识别技术中一个关键步骤是找到一种能够有效地辨别身份，并且对条件的变化具有很强的鲁棒性的人脸特征表达。然而由于图像目标识别问题的复杂性，很难仅用一种特征表达就能够充分地描述图像目标所包含的识别信息。因此，通过寻找和融合多种性能互补的特征表达来增加特征的分类能力和鲁棒性已经成为图像目标识别技术中的热点研究问题。目前，多种特征的融合使用，是提升图像目标识别技术鲁棒性的重要途径。

信息融合（information fusion）又称为数据融合（data fusion），是指对从不同传感器和知识源采集到的数据在一定的准则下，多层次加以自动分析、综合，得到更为准确和更为完备的信息，进而完成所需的决策和评估。在生物特征识别技术中，使用单个生物特征的识别系统常常存在以下几个问题：容易受到采集信号中噪声的影响、该生物特征不具备普遍性、该生物特征不易被区分、识别精度不高和容易受到伪装的攻击等。因此，融合不同来源的生物信息进行识别是一种有效地解决以上问题的方法。不同来源的生物信息主要包括：同一生物特征经不同传感器采集到的信息（如光学和固态的指纹传感器），同一生物特征的不同事例（如一个人不同手指上的指纹），同一生物特征的多张图像（如在不同条件下采集到的图像目标），同一生物特征的不同表达形式和匹配法则（如人脸灰度图像经过不同变换得到的特征表达），多种生物特征（如人脸、指纹、掌纹和虹膜等）。

通过不同的传感器对同一生物特征进行采集，可以解决在单一传感器中存在噪声的问题。采用同一生物特征的不同事例进行识别，可以实现活体检测。例如，在识别过程中随机地生成事例的一个子集让用户按照一定的顺序输入相应的事例。同一生物特征的多张图像、不同表达形式和匹配法则由于提供了不同的判别信息，可以有效地提高识别精度。然而，在单个生物特征识别系统中存在的一些问题仍然没有得到解决，如特征不具备普遍性和容易受到伪造的攻击。利用多种生物特征进行识别，可以有效地弥补这些不足，当用户缺少某一特征时，仍然可以利用其他特征进行识别，有效地避免了单个特征不具备普遍性的问题，并且对于入侵者需要同时伪造多种生物特征，大大增加了伪造难度，有效地防止入侵者的攻击，也可以解决单个生物特征由于固有属性导致的识别精度不高的问题。同时值得注意的是，由于采用生物特征数量的增加，导致采集设备也需要增加，因此整个识别系统的成本也大大增加。

生物特征识别系统通常包含四个模块：采集模块、特征提取模块、匹配模块和决策模块。其中，采集模块用于提取用户的生物信息；特征提取模块从采集到的生物信息中提取出有效的特征，对其进行表达；匹配模块将提取的特征与已注册数据库中的特征模板进行比对，得出匹配分值；决策模块根据匹配分数，最终给出用户的身份信息或者判断用户是否与提供的身份信息相符。对应生物特征识别系统中的四个模块，信息融合通常被分为四个层次：感知层融合、特征层融合、匹配层融合、决策层融合。

4.2.1 感知层融合

感知层融合是指原始生物信息在未经处理之前的分析和综合，要求从不同的传感器获得的信息必须是相容的。因此，对于不同种类的生物特征就无法进行融合，并且对于同一生物特征也不一定总是可行的，如由不同分辨率的摄像机拍摄的图像目标就无法进行融合。另外，原始生物信息含有的数据量较大，不同来源的信息之间具有较强的关联性，这些使得直接融合原始生物信息对采集装置具有较高的要求，并且处理起来十分困难。

4.2.2　特征层融合

特征层融合是指对源自不同的传感器的生物特征集或者是同一生物信息通过不同的特征提取算法提取的特征进行分析和综合。融合方式主要分为两类：对于同性质的特征向量集，如一个手指的多个指纹印痕，采用加权求平均的方式将多个特征向量表达为一个特征向量；对于不同性质的特征向量集，如通过不同的提取算法获得的特征向量或者不同生物特征的特征向量，将多个特征向量连接成一个特征向量集。

由于特征向量含有的判别信息较匹配分值或者判别结果含有的判别信息更为丰富，因此同匹配层融合和决策层融合相比，特征层融合将提供更好的识别结果。然而由于在特征提取模块中获得的特征向量的维数通常是较高的，若直接把不同的特征向量进行简单的连接，将得到维数很高的特征向量，这样将给后面的分类器的设计带来“维数灾难”的问题。因此，在特征连接之前，要对单个特征向量的维数进行降维，尽量减少特征的维数。另外，不同的特征向量之间可能存在强关联性，因此在分类之前，要采用特征选择算法去除特征间的相关性。

4.2.3　匹配层融合

匹配层融合又称度量层融合，是指对不同匹配模块输出的匹配分值进行分析和综合。在生物特征识别系统中，匹配层融合是最为常见的融合方法。这主要是因为相对于特征层融合，匹配层融合更加地容易实现，并且匹配分值比决策模块输出的判别结果含有更多的信息量。匹配层融合主要通过两种方式实现：一种是分类的方式；另一种是联合的方式。分类的方式是将不同的匹配模块输出的匹配分值连接成一个特征向量，然后将其输入给一个分类器，得到最终的分类结果。常用的分类器：决策树、线性判别分析、K 近邻分类器、神经网络和支持向量机（SVM）等。

联合的方式是将不同的匹配模块输出的匹配分值联合成一个标量进行表示。常用的联合规则：求和规则（Sum Rule）、乘法规则（Product Rule）、最大值规则（Max Rule）和最小值规则（Min Rule）。为了利用这些规则，需要将匹配分值转化为类别的后验概率分布。另一种较为简单有效的联合方式是直接对匹配分数进行联合，如加权求和、取最大匹配分值和取最小值匹配分值等。这些方法应用之前，仅需要将不同的匹配模块输出的匹配分值归一化到统一的区域内，这个过程被称为匹配分值标准化。

4.2.4 决策层融合

决策层融合是指对不同的决策模块给出的判别结果进行分析和综合。在通常情况下，决策模块给出的判别结果有两种形式：一种是给出最佳匹配的结果；另一种是给出测试样本属于各类的可信度的一个排序列表。对于前者常用的融合方法有投票法、与规则和或规则。其中，与规则是指只有每个子决策模块的判别结果都是该用户为真时，该用户才最终被判定为真；或规则是指只要存在一个子决策模块的判别结果是该用户为真，则系统最终判别结果是该用户为真。对于后者常用的融合方法有 Borda 计数法、逻辑回归、最高排序法等。

4.3 基于特征层 PCA 多特征融合的图像目标识别技术

特征层的人脸特征表达含有丰富的人脸信息，因此相比较匹配层和决策层的多特征融合，特征层的多特征融合被认为是最为有效的。然而在通常情况下，人脸特征向量具有较高的维数，并且信息中存在噪声和冗余。因此，在融合人脸特征向量之前，需要减少每个特征向量的维数，并且去除噪声和冗余的信息，避免融合后的特征维数过高给分类器的设计带来困难。

在本节中，我们对 LBP 特征、Gabor 特征、HOG 特征三种人脸特征表达进行融合。利用主成分分析降低三种特征的维数，去除冗余信息和噪声。

4.3.1　图像目标特征的 PCA 处理

给定人脸特征集合 $X = \{x\}$ ，$x \in R^N$ ，主成分分析（PCA）寻找一个 $N \times K$ 单位正交的投影矩阵 U ，使得重构误差函数 $\varepsilon(U) = \| X - UU^{\mathrm{T}}X \|_F^2$ 最小，并且等价为使得 $tr[U^{\mathrm{T}}\psi U]$ 最大，其中 ψ 为集合 X 的样本协方差矩阵。投影矩阵 U 可以通过对协方差矩阵 ψ 进行特征值分解求得 $\psi U = U\Lambda$ ，其中 $\Lambda = diag(\lambda_1, \cdots, \lambda_k)$ 是以样本协方差矩阵 ψ 前 K 个最大的特征值组成的对角线矩阵，$K < M < N$ ，M 为集合 X 中样本的个数。样本 x 在主成分子空间中的投影为 $y = U^{\mathrm{T}}(x - \bar{x})$ ，并且可以通过公式（4-19）使得主成分 y 的协方差矩阵为单位矩阵。

$$y' = \Lambda^{-\frac{1}{2}}y \tag{4-19}$$

给定向量 $x_{\mathrm{LBP}} \in R^{N_1}$ 、$x_{\mathrm{Gabor}} \in R^{N_2}$ 、$x_{\mathrm{HOG}} \in R^{N_3}$ 分别表示图像目标的 LBP 特征、Gabor 特征、HOG 特征，则其主成分分别为 $y_{\mathrm{LBP}} = U_{\mathrm{LBP}}^{\mathrm{T}}(x_{\mathrm{LBP}} - \bar{x}_{\mathrm{LBP}})$ 、$y_{\mathrm{Gabor}} = U_{\mathrm{Gabor}}^{\mathrm{T}}(x_{\mathrm{Gabor}} - \bar{x}_{\mathrm{Gabor}})$ 、$y_{\mathrm{HOG}} = U_{\mathrm{HOG}}^{\mathrm{T}}(x_{\mathrm{HOG}} - \bar{x}_{\mathrm{HOG}})$ 。

由于不同的人脸特征表达的尺度是不同的，导致它们对应的主成分的尺度也是不同的。因此，在融合特征向量的主成分之前，需要将不同特征的主成分归一化到相同的尺度。

通过公式（4-19），分别将主成分向量 y_{LBP} 、y_{Gabor} 、y_{HOG} 的协方差矩阵归一化到单位矩阵，标准化后的主成分向量分别为 $y'_{\mathrm{LBP}} = \Lambda_{\mathrm{LBP}}^{-\frac{1}{2}}y_{\mathrm{LBP}}$ 、$y'_{\mathrm{Gabor}} = \Lambda_{\mathrm{Gabor}}^{-\frac{1}{2}}y_{\mathrm{Gabor}}$ 、$y'_{\mathrm{HOG}} = \Lambda_{\mathrm{HOG}}^{-\frac{1}{2}}y_{\mathrm{HOG}}$ 。

将标准化后的主成分向量采用连接的方式融合为特征向量 $z \in R^{K_1+K_2+K_3}$， 得到公式（4-20）。

$$z = (y'^{\mathrm{T}}_{\mathrm{LBP}},\ y'^{\mathrm{T}}_{\mathrm{Gabor}},\ y'^{\mathrm{T}}_{\mathrm{HOG}}) \tag{4-20}$$

通过线性判别分析，进一步地增强融合后的特征向量 z 的判别信息，使得更加有利于进行图像目标识别。在这里，我们采用判别公共向量（Discriminative Common Vectors，DCV）方法提取融合后的特征向量 z 的判别信息。

给定人脸特征的样本集合 $X=[x_1, x_2, \cdots, x_i]$，$x_i \in R^N$ 且集合 X 包含 L 个类，第 i 个类用 C_i 表示，每类 C_i 中含有样本个数为 n_i。用 DCV 方法寻找投影矩阵 $P=[p_1, p_2, \cdots, p_m]$，如公式（4-21）所示。

$$P=\underset{|P^{\mathrm{T}}S_wP|=0}{\operatorname{argmax}}\left|P^{\mathrm{T}}S_bP\right| \tag{4-21}$$

式中：S_w 和 S_b 分别为样本集合 X 的类内协方差矩阵和类间协方差矩阵；$S_t=S_w+S_b$ 为样本协方差矩阵。投影矩阵 P 满足如下条件：

$$\begin{aligned} &P^{\mathrm{T}}S_wP=0 \\ &P^{\mathrm{T}}S_tP>0 \end{aligned} \tag{4-22}$$

在图像目标识别中，特征向量 x 的维数常常高于集合 X 中的样本个数，使得 S_w 为奇异的。当投影矩阵 P 满足公式（4-21）时，使得目标函数为无穷大。

令矩阵 $V=[v_1, v_2, \cdots, v_N]$ 由类内协方差 S_w 的 N 个相互正交的单位特征向量所构成，并且矩阵 $V_1=[v_1, \cdots, v_r]$。其中，r 为 S_w 的秩和矩阵 $V_2=[v_{r+1}, \cdots, v_N]$ 满足如下条件：

$$\begin{aligned} &V_1^{\mathrm{T}}S_wV_1>0 \\ &V_2^{\mathrm{T}}S_wV_2=0 \end{aligned} \tag{4-23}$$

由矩阵 V_1 中的列向量所张成的空间为 S_w 的主空间 $R(S_w)$，由矩阵 V_2 中的列向量所张成的空间为 S_w 的零空间 $N(S_w)$ 且投影矩阵 P 的列向量 $p_i \in N(S_w)$，样本 x_i 可以唯一分解为：

$$x_i=y_i+\tilde{y}_i \tag{4-24}$$

式中：分量 $y_i=V_1V_1^{\mathrm{T}}x_i \in R(S_w)$；分量 $\tilde{y}_i=V_2V_2^{\mathrm{T}}x_i=(I-V_1V_1^{\mathrm{T}})x_i \in R(S_w)$。集合 X 在 $N(S_w)$ 中的分量的样本协方差矩阵 $\tilde{S}_t$ 为：

$$\begin{aligned} \tilde{S}_t &= \sum_{i=1}^{M}(\tilde{y}_i-\overline{\tilde{y}})(\tilde{y}_i-\overline{\tilde{y}})^{\mathrm{T}} \\ &= (I-V_1V_1^{\mathrm{T}})S_t(I-V_1V_1^{\mathrm{T}}) \\ &= \tilde{S}_w+\tilde{S}_b \end{aligned} \tag{4-25}$$

式中：$\tilde{S}_w = 0$；$\tilde{S}_b = (I - V_1V_1^{\mathrm{T}})S_b(I - V_1V_1^{\mathrm{T}})$ 。

选取矩阵 $\tilde{S}_i$ 的前 m 个最大特征值对应的特征向量 $[q_1, q_2, \cdots, q_m]$ ，其中 $m < C$ ，则投影矩阵 P 为：

$$
\begin{aligned}
P &= (I - V_1V_1^{\mathrm{T}})Q \\
&= Q - V_1(V_1^{\mathrm{T}}Q)
\end{aligned} \tag{4-26}
$$

式中：矩阵 $Q = [q_1, q_2, \cdots, q_m]$ 。

样本 x_i 的判别公共向量为：

$$\Omega_i = P^{\mathrm{T}}x_i \tag{4-27}$$

值得注意的是，集合 $\{\Omega_i\}$ 的类内协方差矩阵 $\hat{S}_w = P^{\mathrm{T}}S_wP = 0$。这说明同一类别中的不同样本的判别公共向量并没有发生变化，为同一个向量。

$$\Omega_{com}^{i} = \Omega_k, \ \forall \Omega_k \in C_i \tag{4-28}$$

这也是判别公共向量命名的由来。因此判别公共向量方法对样本集合 X 的类别可以 100%分开。

对于新的测试样本 x_{test} ，其判别公共向量为：

$$\Omega_{test} = P^{\mathrm{T}}x_{test} \tag{4-29}$$

4.3.2　特征层 PCA 融合流程

基于特征层 PCA 多特征融合的图像目标识别技术框架如图 4-2 所示。

对于测试图像目标 x_{test} ，该系统的图像目标识别过程主要包含以下六个步骤。

第一步，分别提取测试样本 x_{test} 的 LBP 特征 x_{LBP} 、Gabor 特征 x_{Gabor} 、HOG 特征 x_{HOG} ，来描述测试样本不同的属性。

第二步，分别对提取的人脸特征表达进行主成分分析（PCA）来降低特征的维数和压缩特征中含有的噪声和冗余的信息。提取三种特征的主成分分别为 x'_{LBP} 、x'_{Gabor} 、x'_{HOG} 。

第三步，分别对降维后的特征 x'_{LBP} 、x'_{Gabor} 、x'_{HOG} 进行归一化处理，使得每一种特征的协方差矩阵为单位矩阵，得到标准化后的特征向量

x''_{LBP}、x''_{Gabor}、x''_{HOG}。

第四步，将三种特征向量 x''_{LBP}、x''_{Gabor}、x''_{HOG} 采用连接的方式进行融合，得到融合后的特征向量 $z_{test}=(x''^{\text{T}}_{\text{LBP}},\ x''^{\text{T}}_{\text{Gabor}},\ x''^{\text{T}}_{\text{HOG}})^{\text{T}}$。

第五步，提取融合后的特征向量 z_{test} 的判别公共向量，增强其判别能力和进一步减少特征的维数。根据公式（4-29）得到判别公共向量 $\Omega_{test}=P^{\text{T}}z_{test}$。

第六步，将得到的判别公共向量 Ω_{test} 与图像目标数据库中的特征模板进行匹配，其中匹配模块采用距离度量函数。依据最近邻判别准则给出图像目标的识别结果。

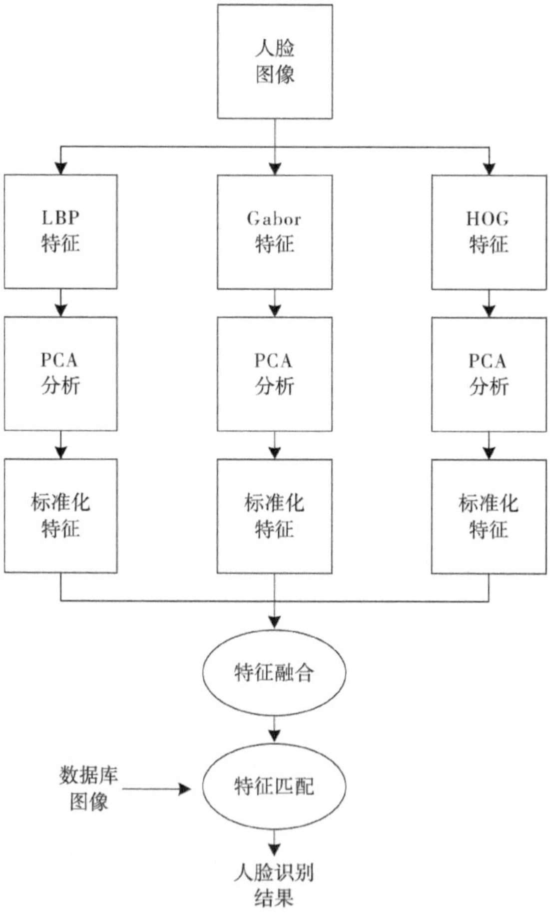

图 4-2　基于特征层 PCA 多特征融合的图像目标识别技术框架

4.4　基于匹配层 PCA 多特征融合的图像目标识别技术

匹配层的多特征融合对不同的匹配器输出的匹配分值进行分析和综合，避免了在特征层上对人脸特征进行融合所遇到的特征维数过高的问题，其中一种较为常用的融合策略是将不同的匹配分值联合为单个的分值对特征的匹配程度进行表示。

4.4.1　匹配分值的归一化处理

由于每个特征匹配模块可能采用不同的相似性度量函数，或者是特征匹配模块输入特征的不同，都会导致不同匹配模块输出的匹配分值具有不同的取值范围和不同的统计分布。因此在匹配分值进行融合之前，对不同的匹配分值进行匹配分值标准化处理，将其转化到统一的分布空间中是十分必要的。

如图 4-3 所示，表示未经标准化处理的匹配分值统计曲线。

图 4-3（a）、图 4-3（b）和图 4-3（c）分别表示基于 PCA 的 LBP 特征、Gabor 特征和 HOG 特征的匹配分值统计曲线。其中，LBP 特征和 Gabor 特征的匹配模块的度量函数为欧式距离函数，如公式（4-30）所示；HOG 特征的匹配模块的度量函数为余弦距离函数，如公式（4-31）所示。

$$d_{l_2}(x, y) = (x - y)^{\mathrm{T}}(x - y) \tag{4-30}$$

$$d_{\cos}(x, y) = 1 - \frac{x^{\mathrm{T}}y}{\|x\|\ \|y\|} \tag{4-31}$$

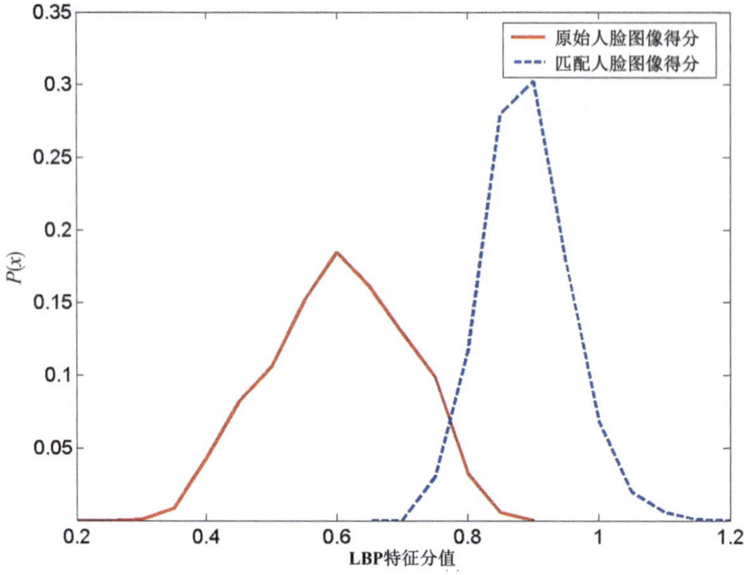

（a）LBP 特征的匹配分值统计曲线

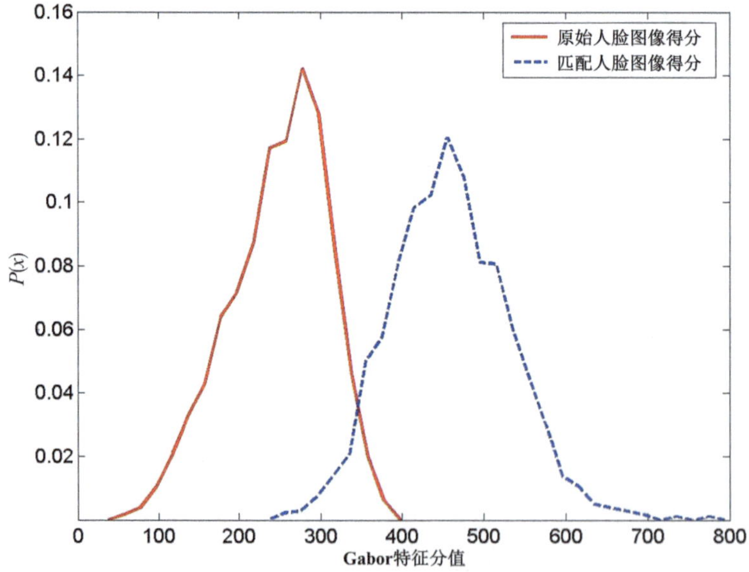

（b）Gabor 特征的匹配分值统计曲线

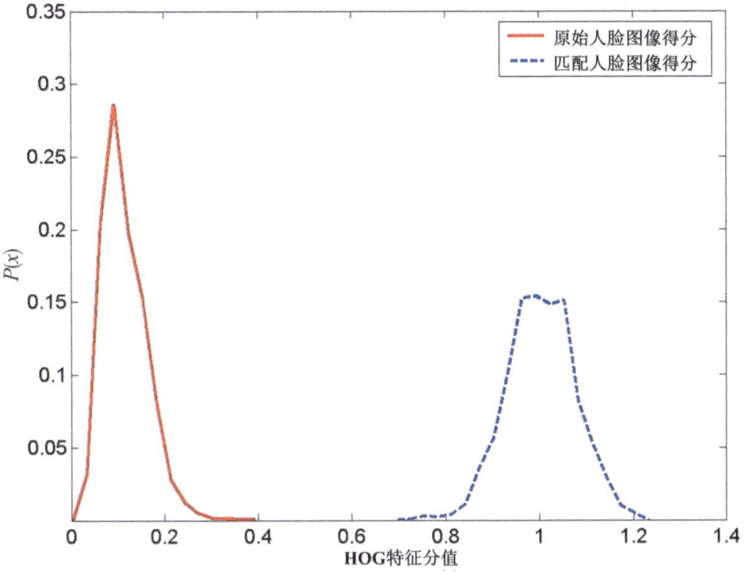

（c）HOG 特征的匹配分值统计曲线

图 4-3　未标准化处理的匹配分值统计曲线

匹配分值标准化，是指通过调节每个匹配模块输出的匹配分值统计分布的位置参数和尺度参数，使得不同匹配模块输出的匹配分值转化到统一的分布区域内。

对于一个好的标准化方法，对匹配分值统计分布的位置参数和尺度参数的估计必须是鲁棒的且有效的，即噪声的出现对估计值的影响较小，并且当数据的分布已知时，得到的估计值接近最优的估计值。采用求和的方式对标准化后的匹配分值进行融合，先将不同特征匹配模块输出的匹配分值进行标准化处理，再将标准化后的匹配分值相加求和，得到最终的匹配分值。以下分析四种匹配分值标准化方法。

1. 最小—最大（Min-max）标准化方法

Min-max 标准化方法是一种简单的匹配分值标准化方法，它分别将匹配分值的最小值和最大值平移到 0 和 1。Min-max 标准化方法适用于匹配分值的界限（最小值和最大值）为已知的情况。但是，在匹配分值的界限未知的情况下，可以利用匹配分值的样本集合估计出匹配分值的最大值和最小值，然后使用 Min-max 标准化方法。给定一个匹配分值的子集合 $S = \{s_k\}$，经 Min-max 标准化后的匹配分值为：

$$s'_k = \frac{s_k - \min(S)}{\max(S) - \min(S)} \tag{4-32}$$

图 4-4 表示匹配分值经 Min-max 标准化后的统计曲线。

图 4-4（a）、图 4-4（b）和图 4-4（c）分别表示 LBP 特征、Gabor 特征和 HOG 特征的匹配分值统计曲线，图 4-4（d）表示三种特征的匹配分值经 Min-max 标准化再采用求和方法进行融合后的统计曲线。

Min-max 标准化方法保持了原有匹配分值的统计分布，仅通过一个尺度因子和一个平移因子将匹配分值转化到统一的区间［0，1］内。由于匹配分值的最大值和最小值是从给定的子集中估计出来的，并且极易受到数据集中噪声的影响，所以 Min-max 标准化方法不是鲁棒的。

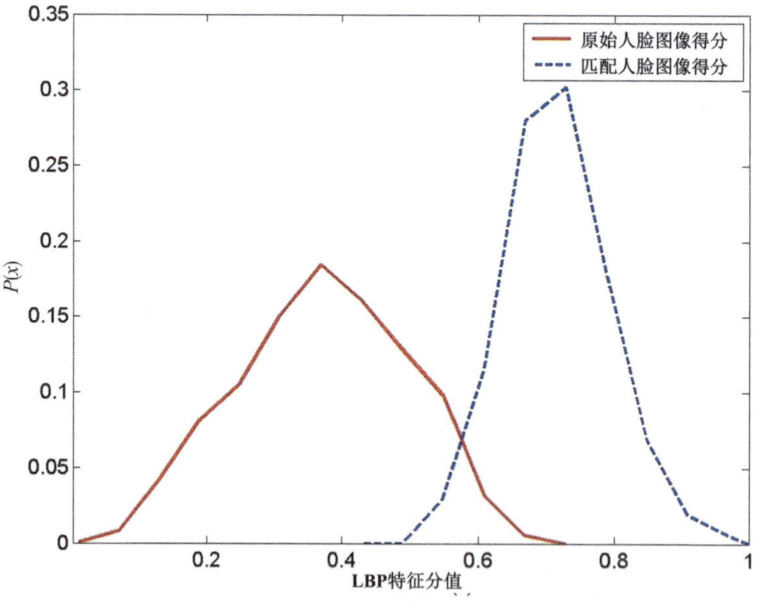

（a）LBP 特征的匹配分值统计曲线

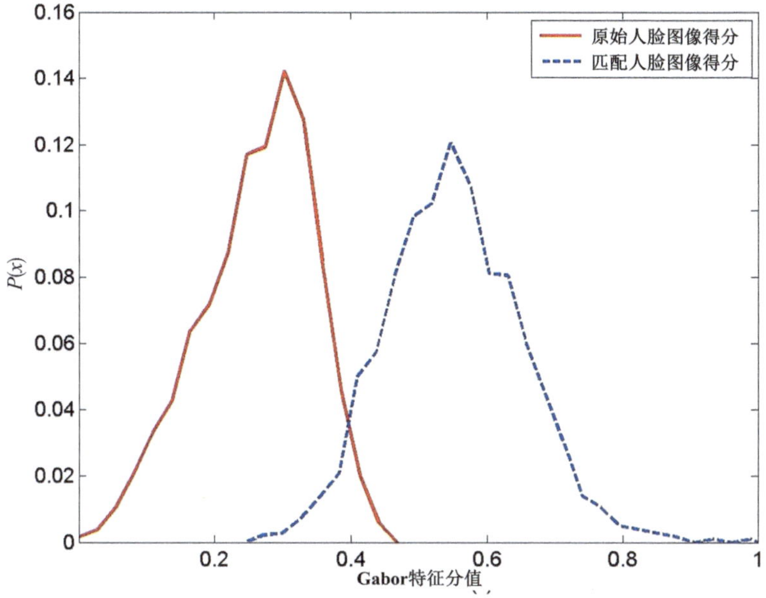

（b）Gabor 特征的匹配分值统计曲线

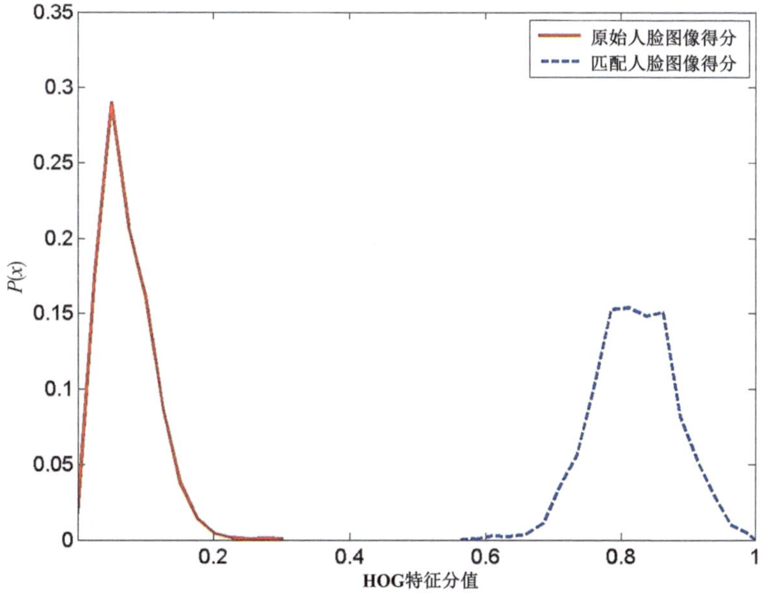

（c）HOG 特征的匹配分值统计曲线

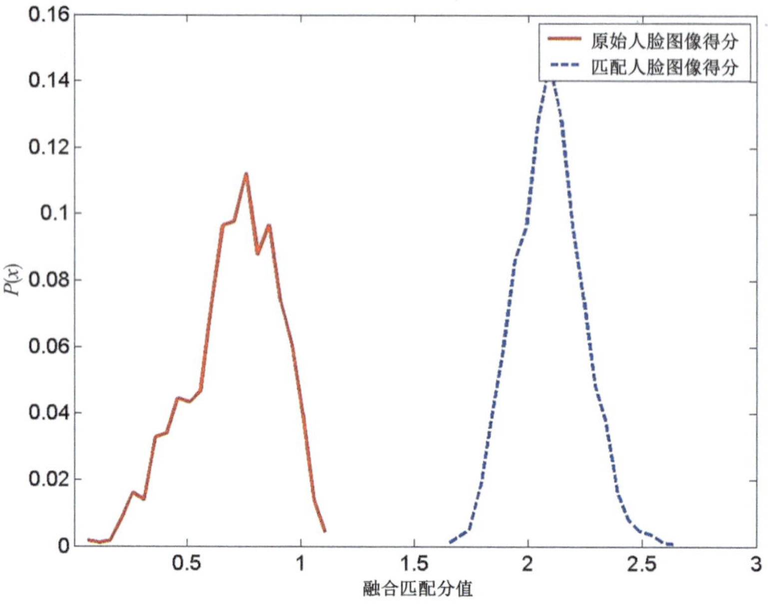

(d) 融合后的匹配分值统计曲线

图 4-4　匹配分值经 Min-max 标准化后的统计曲线

2. Z-score 标准化方法

Z-score 标准化方法是一种常用的匹配分值标准化方法，它分别将匹配分值的平均值和方差转化为 0 和 1。在匹配分值的平均值和方差已知的情况下，Z-score 标准化方法很容易实现。在匹配分值的平均值和方差未知的情况下，需要利用匹配分值的样本集合估计出匹配分值的平均值和方差。经 Z-score 标准化后的匹配分值为：

$$s'_k = \frac{s_k - \mu}{\sigma} \tag{4-33}$$

式中：$\mu = \frac{1}{n}\sum_{i=1}^{n} s_i$ 为集合 S 的平均值；$\sigma = \sqrt{\frac{1}{n}\sum_{i=1}^{n}(s_i - \mu)^2}$ 为集合 S 的标准差。

图 4-5 表示匹配分值经 Z-score 标准化后的统计曲线。

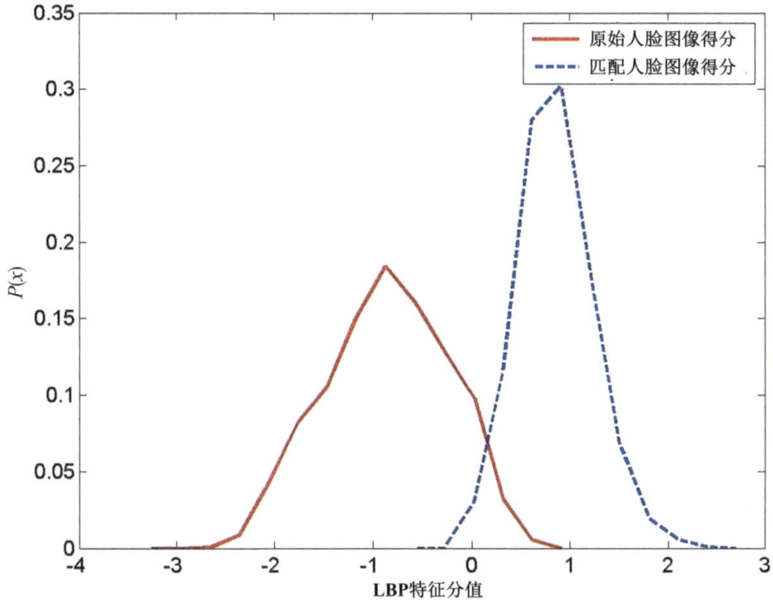

（a）LBP 特征的匹配分值统计曲线

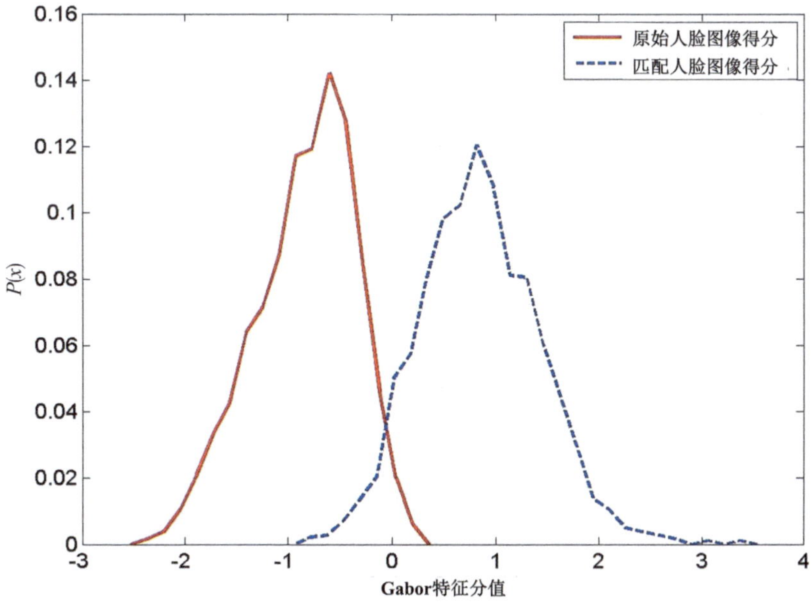

（b）Gabor 特征的匹配分值统计曲线

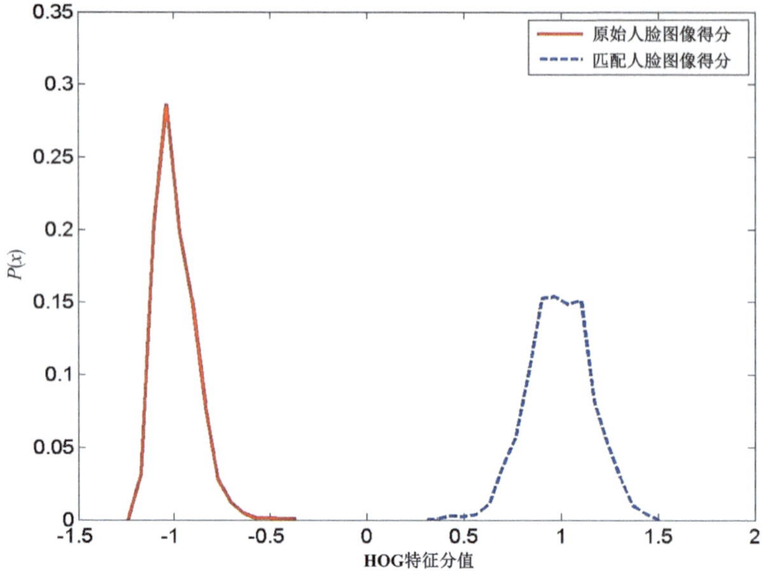

（c）HOG 特征的匹配分值统计曲线

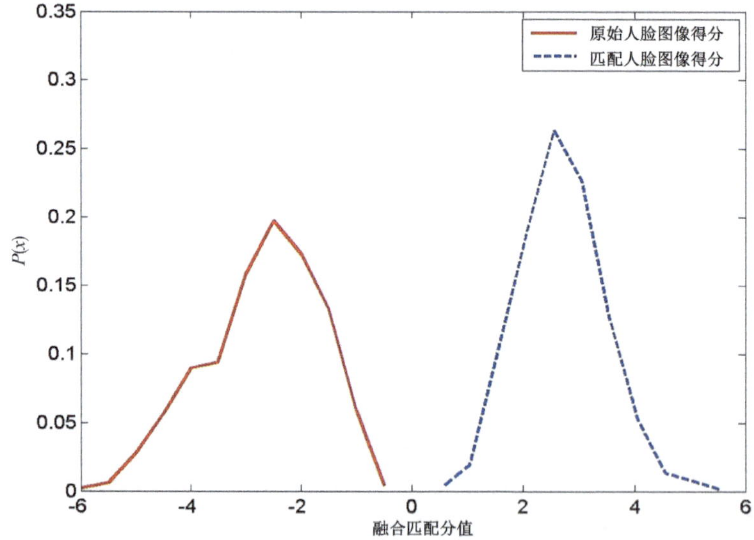

（d）融合后的匹配分值统计曲线

图 4-5　匹配分值经 Z-score 标准化后的统计曲线

由于平均值和方差的估计容易受到样本集中噪声的影响，所以 Z-score 标准化方法也不是鲁棒的。Z-score 标准化方法不能保证不同的匹配模块输出的匹配分值经标准化后转化到相同的区间内。当匹配分值的统计分布为高斯分布时，平均值和标准差是高斯分布的位置参数和尺度参数的最优估计。而对于任意的分布来说，平均值和标准差是分布的位置参数和尺度参数的合理估计，而不是最优的。因此，当匹配模块输出的匹配分值的分布不是高斯分布时，Z-score 标准化方法不能保持匹配分值原有的统计分布。

3. Median-MAD 标准化方法

Median-MAD 标准化方法将匹配模块输出的匹配分值的中位数（median）和中位数绝对离差（median absolute deviation，MAD）归一化到 0 和 1。经 Median-MAD 标准化后的匹配分值为：

$$s'_k = \frac{s_k - med}{\mathrm{MAD}} \tag{4-34}$$

式中：$med = median(S)$ 表示集合 S 的中位数；$\mathrm{MAD} = median(\{|s_i - med|\}_{i=1}^{n})$ 表示集合 S 的中位数绝对离差。

图 4-6 表示匹配分值经 Median-MAD 标准化后的统计曲线。

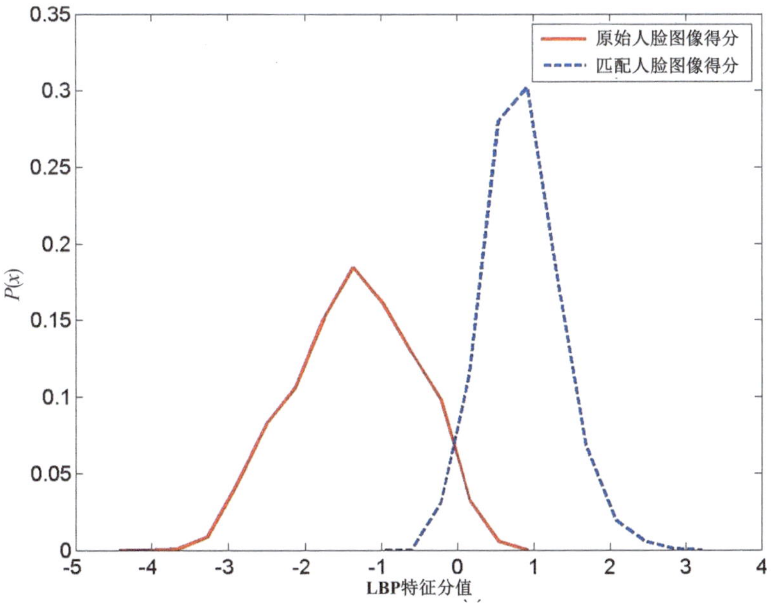

（a）LBP 特征的匹配分值统计曲线

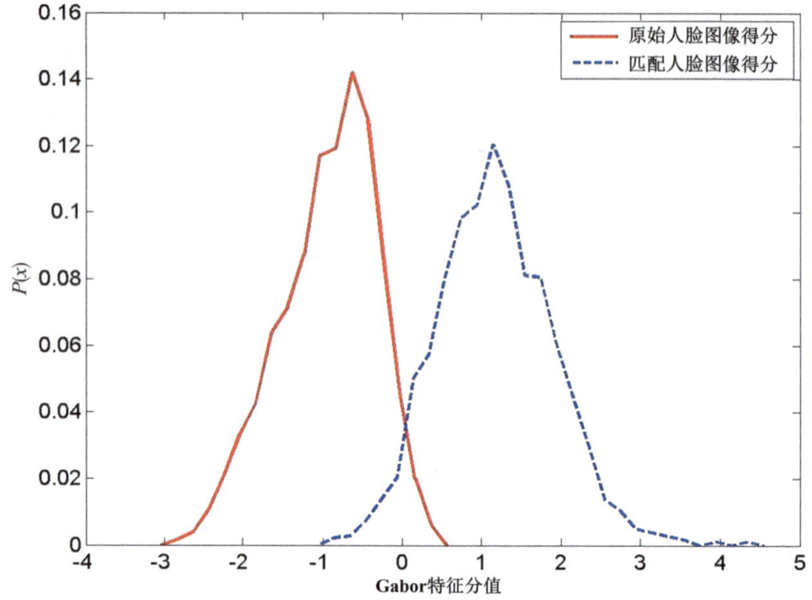

（b）Gabor 特征的匹配分值统计曲线

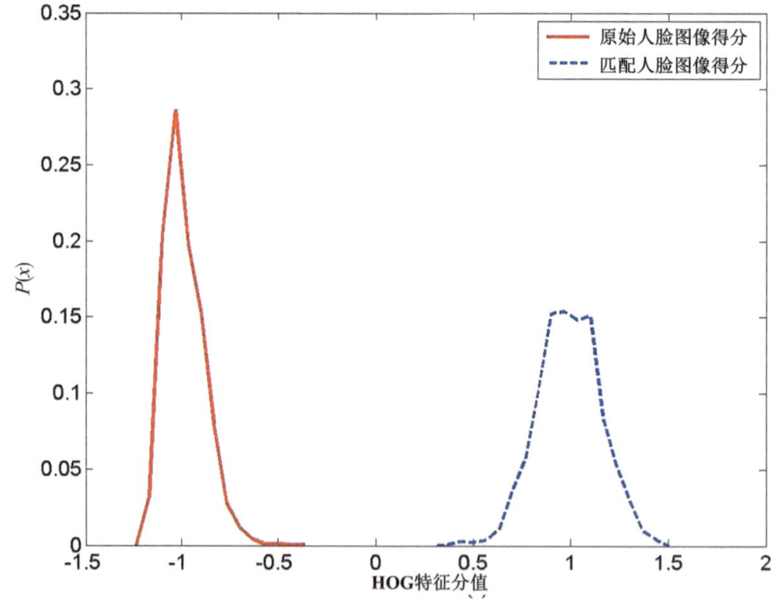

（c）HOG 特征的匹配分值统计曲线

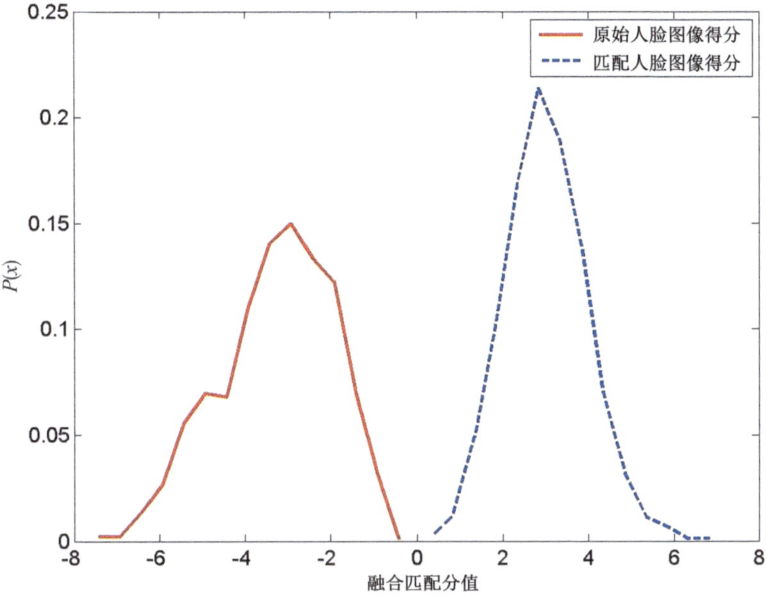

（d）融合后的匹配分值统计曲线

图 4-6　匹配分值经 Median-MAD 标准化后的统计曲线

由于中位数和中位数绝对离差的估计受样本中噪声和匹配分值分布的尾部上的点影响较小，所以 Median-MAD 标准化方法具有鲁棒性。但是与平均值和标准差的估计相比，中位数和中位数绝对离差的估计对匹配分值分布的位置参数和尺度参数估计的精度较差。因此，Median-MAD 标准化方法不能保证不同的匹配模块输出的匹配分值经标准化后转化到相同的区间内，并且也不能保持原始匹配分值的统计分布。

4. Tanh 标准化方法

Tanh 标准化方法是一种具有鲁棒的特性且可以有效地估计统计分布的位置参数和尺度参数的匹配分值标准化方法。经 Tanh 标准化后的匹配分值为：

$$s'_k = \frac{1}{2}\left\{\tanh\left[0.01\left(\frac{s_k - \mu_{GH}}{\sigma_{GH}}\right)\right] + 1\right\} \tag{4-35}$$

式中：$\tanh(x) = \dfrac{e^x - e^{-x}}{e^x + e^{-x}}$ 为双曲正切函数；μ_{GH} 和 σ_{GH} 分别表示由 Hampel 估计器估计出的类内的匹配分值的统计分布的平均值和标准差。

Tanh 标准化方法的实质是将不同的匹配模块输出的匹配分值转化为平均值为 0.5 和标准差近似为 0.01 的分布，并且分布的区间为［0，1］。图 4-7 表示匹配分值经 Tanh 标准化后的统计曲线。

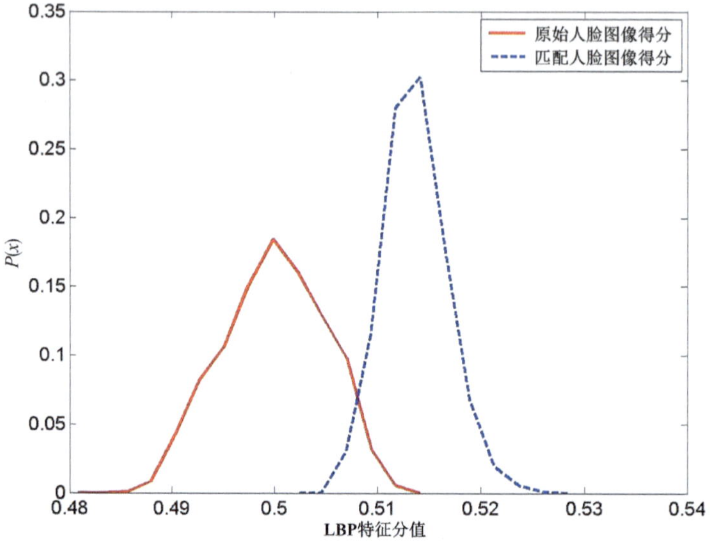

（a）LBP 特征的匹配分值统计曲线

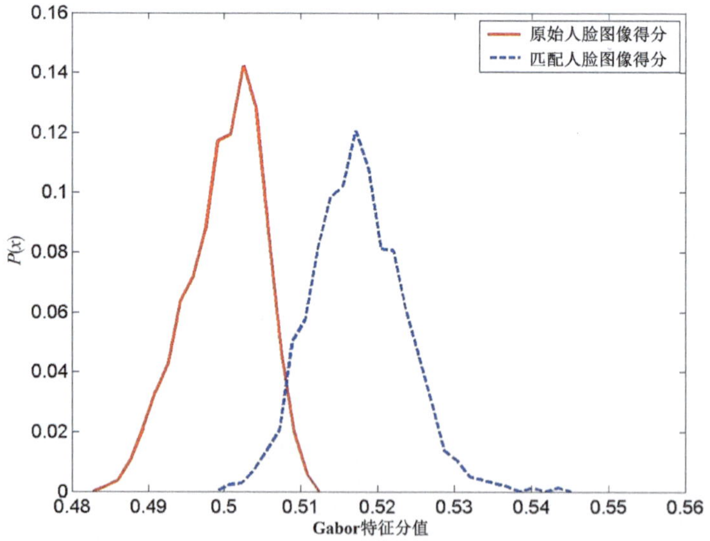

（b）Gabor 特征的匹配分值统计曲线

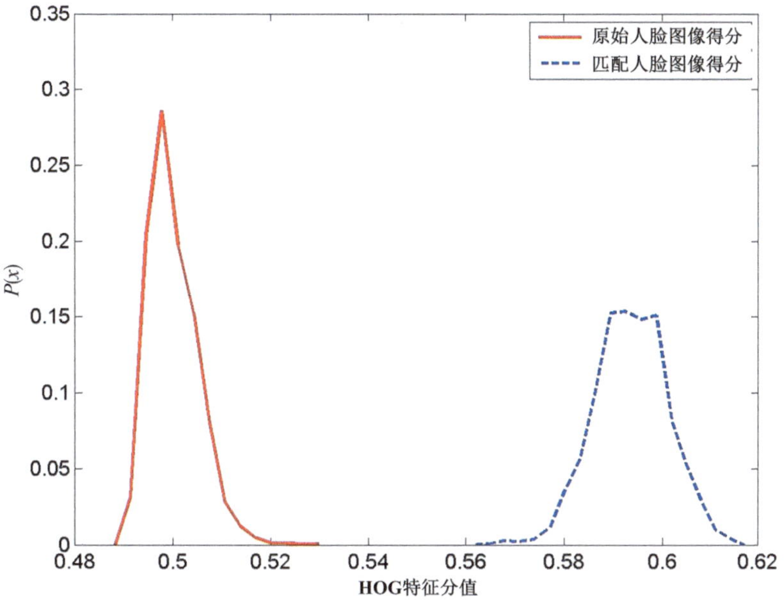

（c）HOG 特征的匹配分值统计曲线

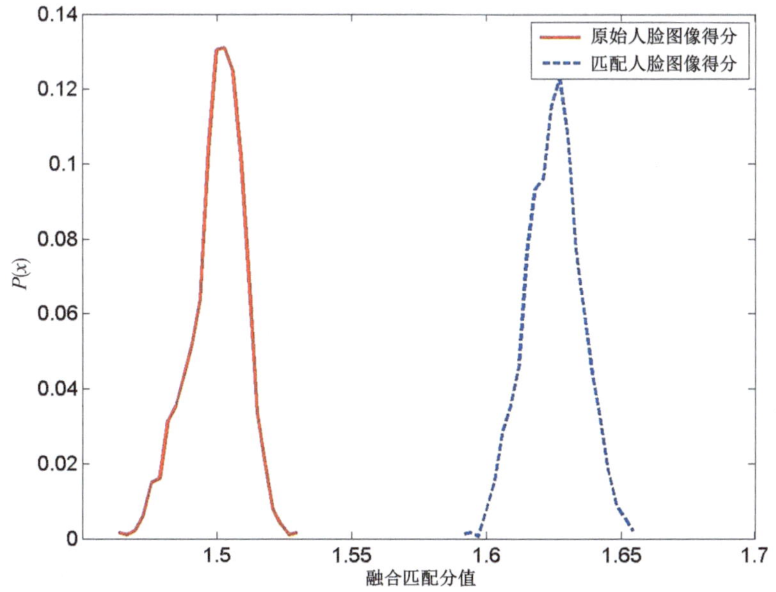

（d）融合后的匹配分值统计曲线

图 4-7　匹配分值经 Tanh 标准化后的统计曲线

4.4.2 匹配层 PCA 融合流程

对于测试目标图像 x_{test}，基于匹配层 PCA 多特征融合的图像目标识别过程主要包含以下六个步骤。

第一步，分别提取测试样本 x_{test} 的 LBP 特征 x_{LBP}、Gabor 特征 x_{Gabor}、HOG 特征 x_{HOG}，来描述测试样本不同的属性。

第二步，分别对提取的人脸特征表达进行主成分分析（PCA）来降低特征的维数和压缩特征中含有的噪声和冗余的信息。提取三种特征的主成分分别为 x'_{LBP}、x'_{Gabor}、x'_{HOG}。

第三步，分别对降维后的特征 x'_{LBP}、x'_{Gabor}、x'_{HOG} 进行归一化处理，使得每一种特征的协方差矩阵为单位矩阵，得到标准化后的特征向量 x''_{LBP}、x''_{Gabor}、x''_{HOG}。

第四步，将得到的判别特征 x''_{LBP}、x''_{Gabor}、x''_{HOG} 分别与图像目标数据库中相应的特征模板进行匹配，得到匹配分值 z_{LBP}、z_{Gabor}、z_{HOG}。其中，LBP 特征和 Gabor 特征的匹配模块采用公式（4-30）的距离度量函数，HOG 特征的匹配模块采用公式（4-31）的距离度量函数。

第五步，通过 Tanh 匹配分值标准化方法，将匹配分值 z_{LBP}、z_{Gabor}、z_{HOG} 转化到同一分布区域内，分别为 z'_{LBP}、z'_{Gabor}、z'_{HOG}，然后采用求和方法得到融合后的匹配分值 $z = z'_{\mathrm{LBP}} + z'_{\mathrm{Gabor}} + z'_{\mathrm{HOG}}$。

第六步，依据最近邻判别准则给出图像目标的识别结果。

基于匹配层 PCA 多特征融合的图像目标识别技术框架如图 4-8 所示。

4.5 本章小结

首先，给出了图像目标识别特征提取前的两种预处理方法：几何归一化和灰度重映射。其次，从感知层、特征层、匹配层、决策层四个层面分析了多特征的融合策略。再次，设计了基于特征层 PCA 多特征融合的图像目标识别技术。最后，设计了基于匹配层 PCA 多特征融合的图像目标识别技术。

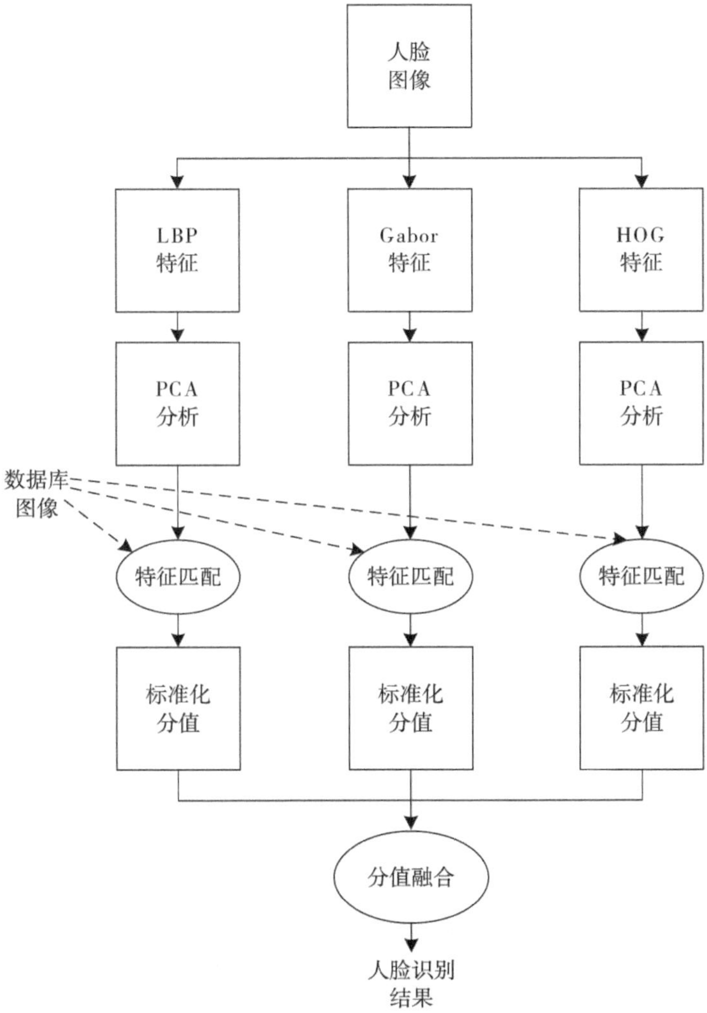

图 4-8　基于匹配层 PCA 多特征融合的图像目标识别技术框架

第 5 章 基于 ESN 多特征融合的图像目标识别技术

5.1 ESN

相比于单一特征的图像目标识别技术和人工配置权重的多特征融合方法，基于 PCA 多特征融合的图像目标识别技术，确实取得了更加理想的识别效果、更高的识别准确率。但是，在实际使用中，基于 PCA 多特征融合的图像目标识别技术也暴露出一些缺点：对原始图像的主成分分析具有一定的模糊性，使得提取出来的特征信息不如原始特征信息完整；主成分分析中贡献率较小的特征信息会被过滤掉，但这些特征信息也可能会在匹配环节中起到重要作用；特征信息的空间分布规律不满足高斯分布时，主成分分析得到的结果并不是最优的。因此，本章设计了一种新的多特征融合方法，进一步提升图像目标识别的效果。

在复杂系统的研究方法中，神经网络分析是常用的一种。神经网络通过对复杂系统内部构成关系的神经元映射，有效地解决了复杂系统输入和输出的关系问题。神经网络又有静态神经网络和动态神经网络之分，其中动态神经网络对于系统状态不断变化的复杂系统更具适用性。回声状态网络（Echo

State Network，ESN）是一种新型的动态神经网络，不仅具备了传统动态神经网络的诸多特点，还可以有效地处理非线性、复杂系统的相关问题。

如果将图像目标识别的过程看作一个黑箱子问题，将参与匹配的图像的原始特征信息作为输入，将正确识别的结果作为输出，中间的识别过程就可以用 ESN 来完成。而通过 ESN 代替 PCA 分析，可以保持原始特征信息的完整性，避免贡献度小的信息被过早滤除，对不同分布规律的特征信息空间具有更好的通用性。同时，PCA 模式下简单的连接融合，也会变成 ESN 模式下的训练融合，从而使多种特征更好地融合在一起。

5.1.1　ESN 结构

相比于以往的神经网络方法，ESN 在隐含层的核心结构以储备池的形式出现，可以随机生成并具有短时间内的记忆功能。在网络训练方面，ESN 只需要线性回归就可以完成训练，并且仅对隐含层到输出层的权重进行调整就可以达到对 ESN 修正的目的。这些特点使得 ESN 对于不同的复杂系统问题具有较普遍的适应性，并且表现出较高的处理效率。一个典型的 ESN 结构如图 5-1 所示。

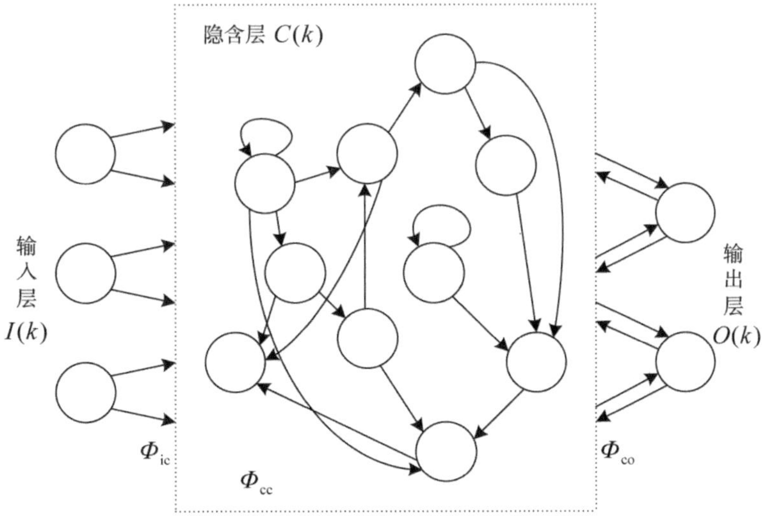

图 5-1　ESN 结构

从图 5-1 的 ESN 结构中可以看出，ESN 继承了神经网络的一般结构特征，即包括输入层、隐含层、输出层，各层神经元之间的连接也用权重系数来表达。将输入层、隐含层、输出层的神经元列写为向量的形式，如公式（5-1）所示。

$$
\begin{aligned}
I(k) &= (i_1(k),\ i_2(k),\ \cdots,\ i_l(k))^{\mathrm{T}} \\
C(k) &= (c_1(k),\ c_2(k),\ \cdots,\ c_m(k))^{\mathrm{T}} \\
O(k) &= (o_1(k),\ o_2(k),\ \cdots,\ o_n(k))^{\mathrm{T}}
\end{aligned}
\tag{5-1}
$$

式中：$I(k)$、$C(k)$、$O(k)$ 分别代表了输入层向量、隐含层向量、输出层向量；l、m、n 分别代表了三个向量中包含的神经元个数；k 表示 ESN 结构的采样时刻。

ESN 和一般神经网络的显著区别在于，其隐含层神经元规模庞大，并且连接稀疏，它可以灵活地表征输入层和输出层的状态连接，因此隐含层向量也被称为状态连接向量。ESN 的隐含层是整个 ESN 结构的动力枢纽，也被称为储备池。

输入层和储备池之间、储备池和输出层之间、储备池各神经元之间，分别通过三个权重矩阵连接，其数学形式分别如公式（5-2）、公式（5-3）、公式（5-4）所示。

$$
\boldsymbol{\Phi}_{\mathrm{ic}} = \begin{bmatrix} \varphi_{11}^{\mathrm{ic}} & \varphi_{12}^{\mathrm{ic}} & \cdots & \varphi_{1m}^{\mathrm{ic}} \\ \varphi_{21}^{\mathrm{ic}} & \varphi_{22}^{\mathrm{ic}} & \cdots & \varphi_{2m}^{\mathrm{ic}} \\ \vdots & \vdots & \vdots & \vdots \\ \varphi_{l1}^{\mathrm{ic}} & \varphi_{l2}^{\mathrm{ic}} & \cdots & \varphi_{lm}^{\mathrm{ic}} \end{bmatrix} \tag{5-2}
$$

式中：$\boldsymbol{\Phi}_{\mathrm{ic}}$ 表示输入层和储备池之间的权重连接矩阵，可知该矩阵的维度是 $l \times m$ 维的。

$$
\boldsymbol{\Phi}_{\mathrm{co}} = \begin{bmatrix} \varphi_{11}^{\mathrm{co}} & \varphi_{12}^{\mathrm{co}} & \cdots & \varphi_{1n}^{\mathrm{co}} \\ \varphi_{21}^{\mathrm{co}} & \varphi_{22}^{\mathrm{co}} & \cdots & \varphi_{2n}^{\mathrm{co}} \\ \vdots & \vdots & \vdots & \vdots \\ \varphi_{m1}^{\mathrm{co}} & \varphi_{m2}^{\mathrm{co}} & \cdots & \varphi_{mn}^{\mathrm{ic}} \end{bmatrix} \tag{5-3}
$$

式中：$\boldsymbol{\Phi}_{\mathrm{co}}$ 表示储备池和输出层之间的权重连接矩阵，可知该矩阵的维

度是 $m \times n$ 维的。

$$\boldsymbol{\Phi}_{\mathrm{cc}} = \begin{bmatrix} \varphi_{11}^{\mathrm{cc}} & \varphi_{12}^{\mathrm{cc}} & \cdots & \varphi_{1m}^{\mathrm{cc}} \\ \varphi_{21}^{\mathrm{cc}} & \varphi_{22}^{\mathrm{cc}} & \cdots & \varphi_{2m}^{\mathrm{cc}} \\ \vdots & \vdots & \vdots & \vdots \\ \varphi_{m1}^{\mathrm{cc}} & \varphi_{m2}^{\mathrm{cc}} & \cdots & \varphi_{mm}^{\mathrm{cc}} \end{bmatrix} \tag{5-4}$$

式中：$\boldsymbol{\Phi}_{\mathrm{cc}}$ 表示储备池各神经元之间的权重连接矩阵，可知该矩阵的维度是 $m \times m$ 维的。

在 ESN 的结构形式下，当采样时刻从 k 变化为 $k+1$ 时，整个 ESN 的状态更新情况可以根据公式（5-5）和公式（5-6）得出。

$$C(k+1) = \Re_1(\boldsymbol{\Phi}_{\mathrm{ic}} I(k+1) + \boldsymbol{\Phi}_{\mathrm{cc}} C(k)) \tag{5-5}$$

$$O(k+1) = \Re_2(\boldsymbol{\Phi}_{\mathrm{co}} C(k+1)) \tag{5-6}$$

式中：$\Re_1$ 是用以激活储备池的功能函数，一般选用具有非线性处理能力的 Sigmoid 函数；$\Re_2$ 是用以激活输出的功能函数，一般选用恒等函数。

5.1.2　ESN 关键参数

对比 ESN 和一般的神经网络结构可知，储备池是形成其优秀性能的关键所在。ESN 的储备池以及 ESN 结构具有四个鲜明的特点：

第一，ESN 的储备池的存储容量大。根据不同使用者的需求，储备池中的神经元数目可以设置几十个到几千个。

第二，ESN 储备池中各神经元采取稀疏连接的方式。这种连接方式使储备池的复杂度降低，各个神经元的耦合程度也大为降低，有利于 ESN 训练时间的缩短和训练效率的提升。

第三，ESN 的训练过程可以采用线性回归方法完成。在 ESN 的具体使用中，输入层和储备池之间的权重连接矩阵 $\boldsymbol{\Phi}_{\mathrm{ic}}$ 、储备池各神经元之间的权重连接矩阵 $\boldsymbol{\Phi}_{\mathrm{cc}}$ 初始化后保持不变，整个训练过程只需要调整储备池和输出层之间的权重连接矩阵 $\boldsymbol{\Phi}_{\mathrm{co}}$ 即可。这不仅大大简化了训练过程，也使 ESN 的稳定性更强。

第四，ESN 的当前状态和之前若干个时刻的状态有关，使得其具备一定时间范围内的记忆能力。这个特点，使得 ESN 用于时间序列数据的拟合和预测成为可能。

决定 ESN 储备池规模的参数用 N 表示，它代表了储备池中神经元的个数。在实际应用时，合适的 N 值设定具有重要意义。如果 N 值过小，储备池对于数据的表达能力会明显不足，产生欠拟合；如果 N 值过大，又会导致 ESN 复杂度增加，数据处理时会产生过拟合。

谱半径 R 是 ESN 储备池的另一个关键参数，它实际上是储备池各神经元之间的权重连接矩阵 Φ_{cc} 的最大特征值绝对值。谱半径 R 在很大程度上反映了 ESN 储备池的记忆性能，R 过小，记忆性能差；R 过大，储备池会不稳定。当 R 介于（0，1）区间时，ESN 会表现出稳定的回声状态，这也是 ESN 被称为回声状态网络的原因。

输入层数据进入储备池之前，可以按照比例进行一定程度的缩放，这个缩放因子一般用 δ_I 来表示。当 δ_I 取值较小时，储备池的线性特征增强；当 δ_I 取值较大时，储备池的非线性特征明显。

储备池各神经元连接的稀疏程度，一般用 D 来表示。D 在很大程度上反映了各个神经元连接的活跃性，D 值增大，储备池的动力更充沛；D 值降低，储备池的复杂度、耦合度升高。在实际使用中，D 一般选择在 1%到 10%的区间上。

为了确保本节构建的 ESN 能够获得预期的效果，需要对其中的关键参数进行合理的配置。为 ESN 配置神经元个数为 80 的储备池。为了确保 ESN 表现出稳定的回声状态，设定谱半径 R 的大小为 0.8。在保证 ESN 储备池活跃程度的前提下，尽可能降低其耦合程度，将稀疏程度 D 设置为 10%。考虑到输入神经元数据和输出神经元数据处于同一数量级别，设置输入缩放因子 δ_I 为 0.4。

至此，为本文设计的 ESN 关键参数配置如表 5-1 所示。

表 5-1　ESN 关键参数配置

参数	物理意义	取值
N	储备池规模	80

续表

参数	物理意义	取值
R	谱半径	0.8
δ_I	输入缩放因子	0.4
D	稀疏程度	10%

5.1.3　ESN 训练流程

将 ESN 应用于特征信息处理时，一般采取以下四步的流程。

第一步，对 ESN 中的储备池进行关键参数配置，包括储备池规模 N 、谱半径 R 、输入缩放因子 δ_I 、稀疏程度 D 。在本节研究中，对上述参数就按照表 5-1 中的数据进行配置。

第二步，储备池的关键参数配置完毕以后，对 ESN 的输入层神经元和输出层神经元进行配置，并遴选对应的时间序列数据，形成输入和输出的映射关系。

第三步，初始化权重连接矩阵 Φ_{ic} 和 Φ_{cc} ，通过对 ESN 的训练确定 Φ_{co}、Φ_{ic} 和 Φ_{cc} 通过在［-1，1］上均匀分布的随机映射确定，并在整个训练的过程中保持不变。给输入层神经元 $I(k)$ 输入数据后，可以根据 Φ_{ic} 和 Φ_{cc} 得到储备池神经元 $C(k)$ 的数据，进而用公式（5-7）去接近输出层神经元 $O(k)$ 的数据。

$$\Phi_{\mathrm{cc}}C(k) \approx O(k) \tag{5-7}$$

第四步，判断 ESN 何时达到收敛。ESN 训练的目的，实际上就是使得在给定输入数据的情况下，调整 Φ_{cc} 使得 ESN 输出和给定的输出数据尽可能接近。当这个接近程度足够小时，我们可以认为 ESN 达到稳定，此时的 ESN 也就表征了给定输入和给定输出的映射关系。

在公式（5-7）中，$O(k)$ 表征了给定的输出神经元配置数据，$\Phi_{\mathrm{cc}}C(k)$ 是根据给定输入和现有 ESN 结构及权重矩阵等参数下计算出的实际的输出神经元数据。至此，我们可以设置判定收敛的条件如公式（5-8）所示。

$$\begin{aligned} &\Phi_{cc}C(k) = O'(k) \\ &|O'(k) - O(k)| < \varepsilon \end{aligned} \tag{5-8}$$

式中：$O'(k)$ 表征了训练过程中实际计算的输出数据；ε 为一个很小的阈值。

公式（5-8）的数学意义是，如果实际计算的输出数据和给定的输出数据非常接近，则可以认为 ESN 达到了可以表征给定输入和给定输出关系的稳定状态，ESN 训练过程结束。

5.2 ESN 优化

在 ESN 训练过程中，会通过优化不断调整训练结果，使得配置达到最好的效果。ESN 优化的方式分为单步优化和多步优化。

单步优化，指对数据信息一个节点的优化；多步优化，指对数据信息多个节点的优化。单步优化是多步优化的基础，多步优化比单步优化更加灵活、应用范围更广。

在多步优化当中，根据数据的历史信息，ESN 可以优化出当前数据节点之后的第 M 个节点的数据，M 就是多步优化中的步数。随着优化步数 M 的逐渐增加，ESN 多步优化的精度也随之下降。需要指出的是，因为多步优化依托单步优化实现，单步优化对于多步优化有着很大的影响。如果单步优化的精度本身就很低，而多步优化的步数 M 又很大，多步优化的最终精度就会难以满足要求，多步优化也就失去了意义。

5.2.1 ESN 单步优化

从实施流程上看，ESN 的单步优化和 ESN 训练过程是紧密结合在一起的。首先，单步优化也是对 ESN 中的储备池进行参数配置，即对储备池规模 N 、谱半径 R 、输入缩放因子 δ_I 、稀疏程度 D 进行设置，对权重连接矩阵 Φ_{ic} 和 Φ_{cc} 执行初始化设置；其次，对 ESN 执行训练，判断 ESN 达到收敛后，记录 Φ_{co} 的相关配置；最后，按照输入数据的变化规律更新输入神经元的数据，计算输出神经元的数据，完成优化。

ESN 单步优化的流程，如图 5-2 所示。

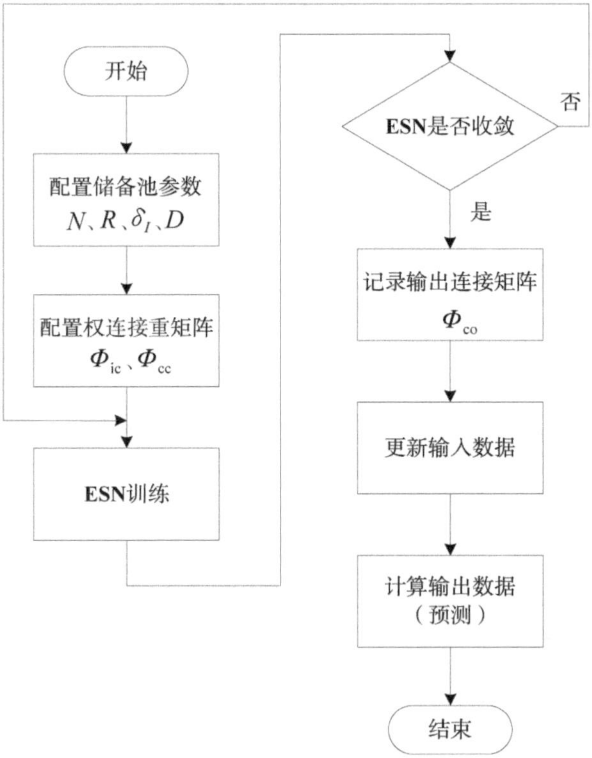

图 5-2　ESN 单步优化的流程

5.2.2　ESN 多步优化

多步优化执行的理论基础，在于数据信息的多节点相关性，即当前节点数据的形成，和之前多个节点的数据是相关的。由此可以推出，未来某个节点数据和之前多个节点的数据相关。只要解构了这个相关关系的模型，就可以对未来某个节点的数据进行估计。

设 $x(n)$ 为一数据信息集合，且此集合的结构维度为 m，各节点之间的间隔为 Δ，则 $x(n)$ 中当前节点数据可以按照公式（5-9）执行：

$$x(n)=\{x(n-\Delta),\ x(n-2\Delta),\ \cdots,\ x(n-(m-1)\Delta)\}^{\mathrm{T}} \tag{5-9}$$

上述关系也反映了集合数据的动态变化关联。

当集合数据随时间的更新不断演进时，当前节点之后的第 s 个节点的数据，可用公式（5-10）进行计算：

$$x(n+s)=P\{x(n+s-\Delta),\ x(n+s-2\Delta),\ \cdots,\ x(n+s-(m-1)\Delta)\}^{\mathrm{T}} \tag{5-10}$$

式中：P 表示之前的几个节点数据和（$n+s$）这个节点数据的映射关系，也就是优化函数。

多步优化的具体实现又分为两种方法，一种是迭代法，另一种是直接法。其中，迭代法的优化公式如公式（5-11）所示。

$$x(n+s)=\underbrace{P(P(\cdots P(x(n))))}_{s} \tag{5-11}$$

迭代法的实质是执行 s 次单步优化的结果，所以这种方法的优化精度对于单步优化的精度有着非常高的依赖。

直接法的优化公式如公式（5-12）所示。

$$x(n+s)=P(x(n)) \tag{5-12}$$

直接法的优化因为没有使用中间的数据，优化精度也会随着步长的增加而不断加大。

运用迭代法执行多步优化，其算法步骤有以下六步。

第一步，对 ESN 中的储备池进行参数配置，即对储备池规模 N、谱半径 R、输入缩放因子 δ_I、稀疏程度 D 进行设置，对权重连接矩阵 $\boldsymbol{\Phi}_{\mathrm{ic}}$ 和 $\boldsymbol{\Phi}_{\mathrm{cc}}$ 执行初始化设置。

第二步，对 ESN 的输入与输出关系进行重构，如公式（5-13）所示。

$$\begin{cases} i(n)=P(x(n-\Delta),\ x(n-2\Delta),\ \cdots,\ x(n-(m-1)\Delta)) \\ o_p(n)=x(n+1) \end{cases} \tag{5-13}$$

式中：$i(n)$ 是 ESN 的输入；$o_p(n)$ 是 ESN 的输出优化；$x(n)$ 是重构过程中的中间变量。

第三步，对重构了输入与输出关系后的 ESN 执行训练，判断 ESN 达到收敛后，记录 $\boldsymbol{\Phi}_{\mathrm{co}}$ 的相关配置。

第四步，根据 ESN 和 Φ_{co} 计算单步输出结果，如公式（5-14）所示。

$$\hat{o}(n+1)=\Phi_{co}i(n) \tag{5-14}$$

第五步，将单步计算结果作为重构后的数据，如公式（5-15）所示。

$$x(n)=\hat{o}(n+1) \tag{5-15}$$

第六步，反复执行第四步和第五步的操作 s 次，直到获得优化输出的具体数据 $\hat{o}(n+s)$ 。

迭代法多步优化的流程，如图 5-3 所示。

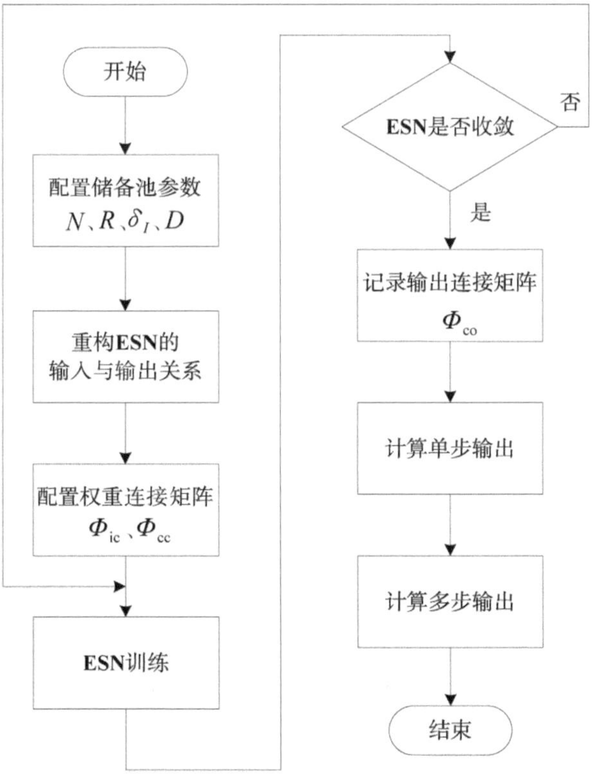

图 5-3　迭代法多步优化的流程

直接法多步优化的流程，和迭代法多步优化的流程基本一致，就是在输出优化的计算执行环节有所差异。直接法多步优化的计算，如公式（5-16）所示。

$$\hat{o}(n+s)=\Phi_{co}i(n) \tag{5-16}$$

5.3 基于 ESN 多特征融合的图像目标识别技术

5.3.1 ESN 多特征融合方法框架

为了和 PCA 多特征融合方法形成对比，在 ESN 多特征融合方法的设计过程中，仍然选择 LBP 特征、Gabor 特征、HOG 特征。上述三种特征，经过特征提取、特征向量生成、特征相似性测度计算以后，形成各自的匹配结果。待识别图像目标对应的三种特征的特征字典，会输送到 ESN 中进行训练，训练稳定后输出的权重会分别配置给 LBP 特征、Gabor 特征、HOG 特征的相似性测度，进而融合成总体相似性测度。

ESN 多特征融合方法的框架设计，如图 5-4 所示。

5.3.2 ESN 多特征融合方法流程

根据图 5-4 的框架设计，ESN 多特征融合方法的执行流程如下：

第一步，根据待识别图像目标，分别计算 LBP 特征字典、Gabor 特征字典、HOG 特征字典。

第二步，在 LBP 特征字典、Gabor 特征字典、HOG 特征字典作为输入，待识别图像目标作为输出的情况下，对 ESN 进行训练，直至 ESN 达到稳定状态，输出此时三类特征字典对应的权重，ω_1、ω_2、ω_3。

第三步，分别从待识别图像目标和数据库图像目标中提取 LBP 特征、Gabor 特征和 HOG 特征，进而形成 LBP 特征向量、Gabor 特征向量和 HOG 特征向量。

第四步，构建三类特征的相似性测度。其中，LBP 特征相似性测度的计算如公式（5-17）所示。

$$S_{\mathrm{LBP}}(q,\ D) = \| \mathrm{LBP}^{q} - \mathrm{LBP}^{D} \| \tag{5-17}$$

Gabor 特征相似性测度的计算如公式（5-18）所示。

$$S_{\mathrm{Gabor}}(q,\ D) = \|\mathrm{Gabor}^{q} - \mathrm{Gabor}^{D}\| \tag{5-18}$$

HOG 特征相似性测度的计算如公式（5-19）所示。

$$S_{\mathrm{HOG}}(q,\ D) = \|\mathrm{HOG}^{q} - \mathrm{HOG}^{D}\| \tag{5-19}$$

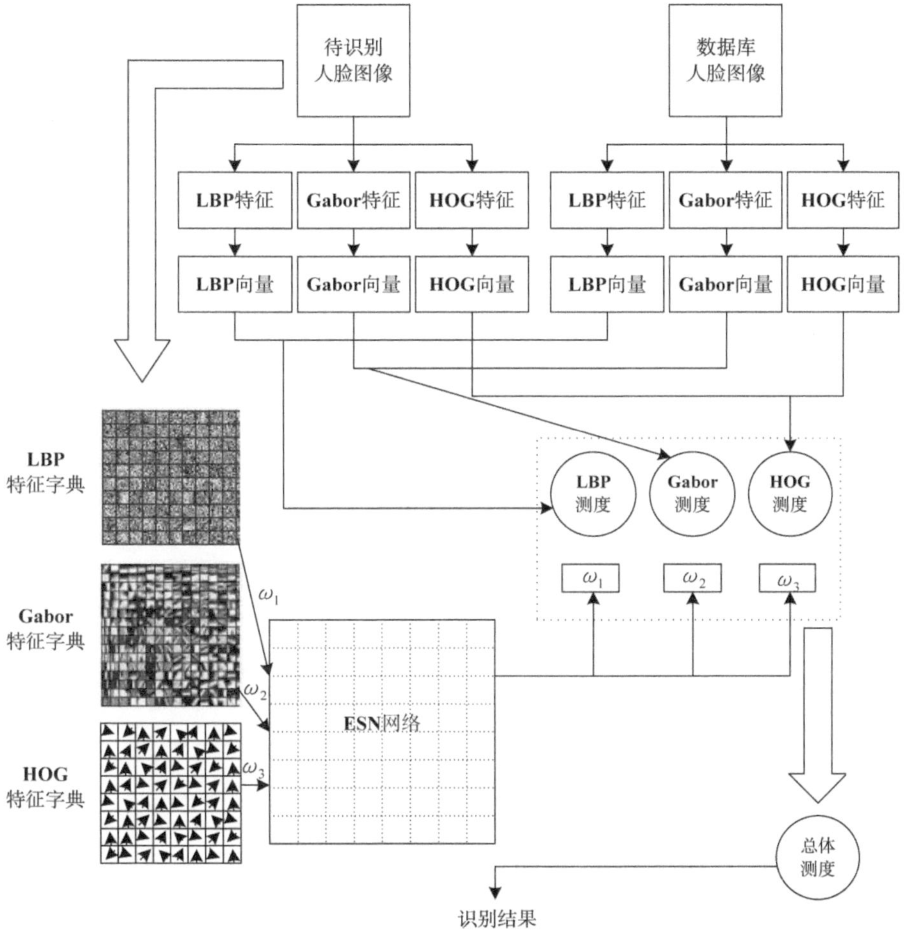

图 5-4　ESN 多特征融合方法的框架设计

第五步，根据第二步计算出的三类特征字典的权重以及第四步计算出的三个子相似性测度，形成融合后的总体相似性测度，如公式（5-20）所示。

$$S = \omega_1 S_{\mathrm{LBP}}(q,\ D) + \omega_2 S_{\mathrm{Gabor}}(q,\ D) + \omega_3 S_{\mathrm{HOG}}(q,\ D) \tag{5-20}$$

第六步，根据待识别图像目标和数据库图像，计算其总体相似性测度，并以相似性最大的数据库图像作为待识别图像目标的识别结果。

5.4 ESN 多特征融合方法的识别效果

5.4.1 ESN 多特征融合方法和单一特征方法的比较

分别采用 LBP 单一特征识别法、Gabor 单一特征识别法和 HOG 单一特征识别法作为 ESN 多特征融合方法的对比方法。四种方法的识别结果对比如表 5-2 和图 5-5 所示。

表 5-2　四种方法的识别结果对比

图像幅数	识别准确率			
	LBP 特征	Gabor 特征	HOG 特征	ESN 多特征融合
20	0.583	0.567	0.489	0.621
40	0.591	0.571	0.523	0.663
60	0.572	0.586	0.537	0.685
80	0.613	0.592	0.558	0.726
100	0.654	0.581	0.572	0.743
120	0.667	0.603	0.581	0.752
140	0.681	0.612	0.580	0.761
160	0.692	0.633	0.591	0.775
180	0.703	0.624	0.602	0.788
200	0.685	0.651	0.588	0.793
220	0.724	0.665	0.611	0.817
240	0.715	0.671	0.633	0.827

续表

图像幅数	识别准确率			
	LBP 特征	Gabor 特征	HOG 特征	ESN 多特征融合
260	0. 733	0. 684	0. 651	0. 846
280	0. 741	0. 712	0. 669	0. 852
300	0. 768	0. 758	0. 724	0. 873
320	0. 802	0. 771	0. 735	0. 888
340	0. 833	0. 794	0. 771	0. 881
360	0. 859	0. 845	0. 756	0. 899
380	0. 861	0. 821	0. 782	0. 905
400	0. 854	0. 835	0. 745	0. 901

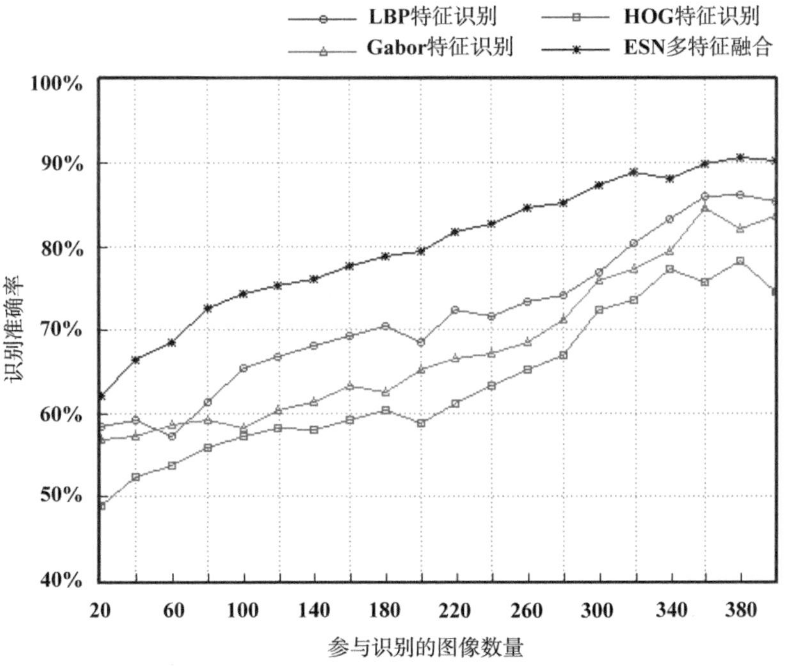

图 5-5　四种方法的识别结果对比

从表 5-2 和图 5-5 的结果可以看出，随着参与训练的图像目标数量的增加，ESN 多特征融合方法明显高于三个单一特征的识别方法。当训练的图像目标数增加到 400 幅时，ESN 多特征融合的图像目标识别的准确率达到 90%。

5.4.2 ESN 多特征融合方法和 PCA 多特征融合方法的比较

进一步比较 ESN 多特征融合方法、特征层 PCA 多特征融合方法和匹配层 PCA 多特征融合方法的识别效果，如表 5-3 和图 5-6 所示。

表 5-3 三种方法的识别结果对比

图像幅数	识别准确率		
	特征层 PCA 多特征融合方法	匹配层 PCA 多特征融合方法	ESN 多特征融合方法
20	0.631	0.602	0.621
40	0.642	0.623	0.663
60	0.628	0.645	0.685
80	0.654	0.637	0.726
100	0.660	0.631	0.743
120	0.671	0.659	0.752
140	0.680	0.662	0.761
160	0.688	0.673	0.775
180	0.693	0.681	0.788
200	0.702	0.690	0.793
220	0.695	0.712	0.817
240	0.714	0.735	0.827
260	0.729	0.756	0.846
280	0.739	0.779	0.852
300	0.752	0.801	0.873
320	0.779	0.818	0.888
340	0.848	0.846	0.881

续表

图像幅数	识别准确率		
	特征层 PCA 多特征融合方法	匹配层 PCA 多特征融合方法	ESN 多特征融合方法
360	0. 839	0. 844	0. 899
380	0. 855	0. 839	0. 905
400	0. 841	0. 852	0. 901

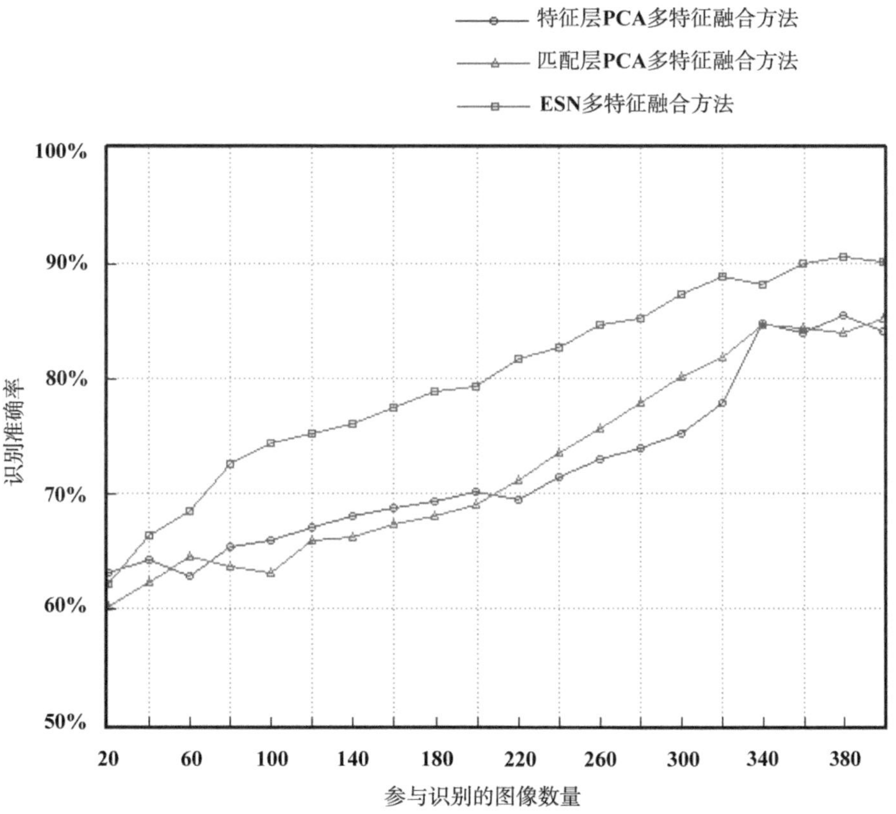

图 5-6　三种方法的识别结果对比

从表 5-3 和图 5-6 的结果可以看出，随着参与训练的目标图像数量的增加，ESN 多特征融合方法的识别准确率要高于特征层 PCA 多特征融合方法和匹配层 PCA 多特征融合方法。

5.5 本章小结

本章提出了基于 ESN 多特征融合的图像目标识别技术设计构想。首先，分析了 ESN 结构、关键参数、训练流程、单步优化流程、多步优化流程。其次，构建了 ESN 多特征融合方法框架，设计了 ESN 多特征融合方法流程。最后，将 ESN 多特征融合方法与单一特征方法、特征层 PCA 多特征融合方法、匹配层 PCA 多特征融合方法进行比较，得出 ESN 多特征融合方法的识别准确率高的结果。

第 6 章 多特征融合检索理论框架与评价框架

6.1 引 言

从图像检索领域的已有成果来看，基于内容的图像检索技术是目前的主流技术。这种技术根据图像的内容信息提取某种形式的特征，并根据特征相似性来完成待检图像和数据库图像的比对。

基于内容的图像检索技术已经在很多检测领域中得到了应用，如机械零件的缺陷检测、农产品的品质检测、医疗的病理检测、刑事侦缉的比对检测等。从检测领域对于图像检索技术的需求来看，第一是检索准确率（或称为检索精度），第二是检索过程和检索结果的鲁棒性（或称为检索可靠性），第三是检索过程的执行时间（或称为检索效率）。简而言之，好的图像检索技术，应该是能够实现精确检索、可靠检索、快速检索，为检测领域提供精确的、可靠的、快速的判断依据。

图像检索技术有时很难同时满足上述三种要求，检索精度、检索可靠性和检索效率之间往往还存在相互制约的问题。高精度检索结果的获得，往往依赖于复杂图像特征的使用。为了加快检索速度、提升检索效率，就要降低图像特征计算复杂度、简化检索过程的处理，导致很难保证检索精度。检索可靠性和检索时间之间也存在类似的问题。很多图像检索技术都是采用单一特征来构建相似性测度，检索时间还是比较理想的。但是，因为图像信息的多特征化，仅用单一特征的检索方法很难保证检索过程的可靠性。如果同时采用多个特征，又会在很大程度上增加检索过程的复杂性，使得检索时间大幅度增加。

考虑到检测领域的实际需求，检索精度、检索可靠性更为重要。因此，本章将重点探讨如何实现高精度、高可靠性的检索，并在确保检索精度、检索可靠性的前提下，尽可能地降解检索过程的复杂性、减少检索时间、提升检索效率。将从多特征融合的思路出发，分析多特征融合理论，构建多特征融合的图像检索技术框架，进而设计更为合理的检索效果评价机制。

6.2 基于单一特征的图像检索技术框架

为了更好地满足检索领域的实际需求，本节试图建立更准确、更可靠、检索效率更高的图像检索技术。因此，在基于内容的图像检索技术基础上，本节将以多特征融合为检索过程的总体思路，进行框架设计。

6.2.1 框架设计

基于单一特征的图像检索技术框架，如图 6-1 所示。图中，F_V 表示任意一种可能采用的特征。

在传统的基于内容的图像检索技术中，一般以图像的某一类型特征作为相似性判断的依据，完成最终的比对和检索过程。因为整个检索过程只使用了一种图像特征，所以也可以称为基于单一特征的图像检索技术。

从图 6-1 给出的框架中可以看出，单一特征的图像检索主要包括特征提取、特征向量生成、相似性比较等。

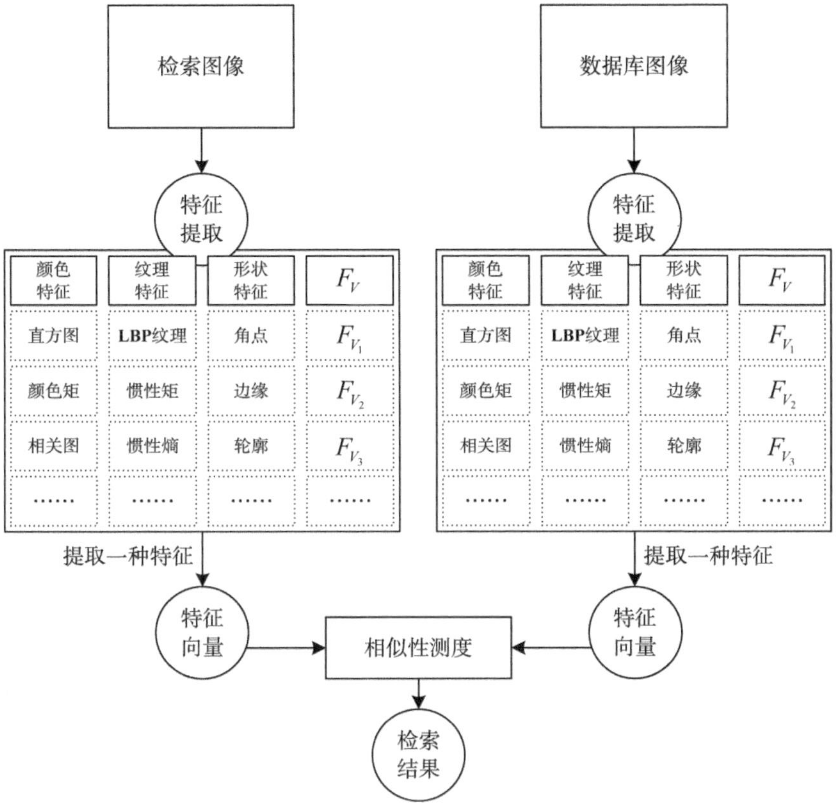

图 6-1　基于单一特征的图像检索技术框架

6.2.2　特征提取

特征提取，是单一特征的图像检索的第一步工作，主要负责从原始图像中提取出后续环节所用的特征。这样的特征大致可以分为三类，即颜色特征、纹理特征、形状特征。其中，颜色特征又可以进一步细分为颜色直方图特征、颜色矩相关图特征、颜色矩特征等；纹理特征又可以分为 LBP 纹理特征、惯性矩特征、惯性熵特征等；形状特征又可以分为角点特征、边缘特征、轮廓特征等。

在很多情况下，原始图像无法直接用于特征提取，还需要附加一个预处理环节。例如，图像中噪声过多，需要执行滤波处理后再进行特征提取，如中值滤波、均值滤波、高斯滤波、LOG 滤波等；图像容量过大时，需要执行分块处理，以降低特征提取的难度和执行时间；图像对比度不足时，需要执行阈值分割、二值化等处理。

纹理特征提取依赖于图像局部信息的准确表达，一般要配合各种滤波方法，以降低噪声的影响。形状特征提取侧重于突出图像中的边缘、轮廓，往往依赖于更强的对比度，因此一般配合阈值分割、二值化等方法。

在很多基于单一特征的图像检索技术中，预处理阶段的工作都固化在特征提取环节之内，成为特征提取工作的一部分。例如，基于 Gabor 滤波的纹理提取就是此种情况的典型代表。

6.2.3 特征向量生成

经过特征提取，待检索图像和数据库图像的某一类特征被提取出来，并以图像的形式给观测者以直观的视觉效果。例如，颜色直方图、颜色相关图都会以颜色信息的统计图示展现给观测者，纹理特征、形状特征也会有类似的效果。

但对于计算机而言，是无法识别这些直观的视觉效果。计算机需要将这些提取出来的特征生成对应的特征向量，待检索图像和数据库图像提取的同一类特征要用统一的特征向量来表示，它们有着相同的维度、确定的数值表达，以便于进一步地执行相似性比较。

6.2.4 相似性比较

相似性比较是得出待检索图像和数据库图像匹配程度的重要环节，它将待检索图像的特征向量和数据库图像的特征向量纳入一个相似性测度之中，用于比较两个向量的相似性。

目前，用于相似性比较的测度算子有很多，如 Chebyshev 距离测度、Minkowski 距离测度、二次式距离测度、马氏距离测度、卡方统计量测度等。

从这些测度的计算思路上看，一种是差式测度，通过差值判断两向量的相似性；另一种是熵式测度，通过熵值判断两向量的相似性。

6.3　特征向量层面的多特征融合框架设计

为了弥补基于单一特征的图像检索技术鲁棒性不强的缺点，将多种特征融合在一起使用，已经成为基于内容的图像检索技术发展的一种趋势。然而，多特征融合尚缺乏统一的设计框架。

待检索图像和数据库图像，都被同时提取多种特征，这些特征通过某种方式融合在一起，作为相似性判断的依据。在什么环节融合、以什么样的规则融合，是多特征融合图像检索的关键所在。

本节致力于构建基于多特征融合的图像检索技术的通用框架。这个框架又分为两种形式，一种是特征向量层面的多特征融合框架，另一种是相似性测度层面的多特征融合框架。

在本节当中，重点来分析特征向量层面的多特征融合。

6.3.1　框架设计

在基于单一特征的图像检索技术的框架基础之上，结合部分已经出现的多特征融合方法，给出特征向量层面的多特征融合框架，如图 6-2 所示。

检索过程的第一个环节，是根据原始图像分别求取颜色特征、纹理特征、形状特征、可能特征中的两种或两种以上的特征，以备后续的融合使用。具体要求取哪几种特征，要根据图像的实际情况来确定，如颜色信息或纹理信息丰富的，就需要同时提取颜色特征和纹理特征。

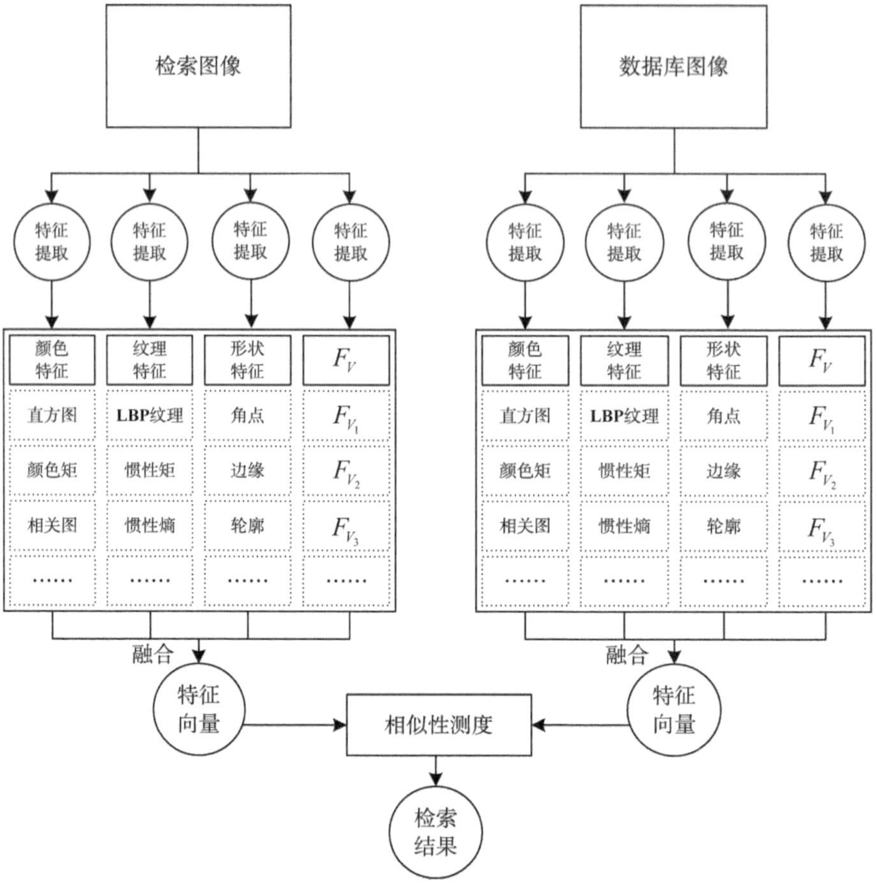

图 6–2　特征向量层面的多特征融合框架

检索过程的第二个环节，是将提取的各个特征映射成特征向量，并将多个特征向量融合成一个特征向量，以便于纳入后续的相似性测度进行比对。这个环节也是此类型多特征融合图像检索的关键，多个特征向量如何融合成一个特征向量决定着整个检索过程的效率和检索结果的准确性。

检索过程的第三个环节，是采用某一种相似性测度，计算上一个环节中待检索图像和数据库图像所对应的多特征融合向量，以得出检索结论。其中的相似性测度，不需要进行特殊的设计，可以采用和单一特征图像检索中相同的相似性测度即可。

6.3.2　融合规则

为了便于特征向量层面的多特征融合的图像检索技术的计算机程序实现，对应于图 6-2 的实施框架，进一步给出特征向量融合的数学表达。

假设分别从原始图像中提取了 l 种颜色特征、m 种纹理特征、n 种形状特征、p 种可能特征，这些特征映射成特征向量可以用公式（6-1）表示。

$$\begin{cases} F_{C_1}, F_{C_2}, \cdots, F_{C_l} \rightarrow V_C(c_1, c_2, \cdots, c_l) \\ F_{T_1}, F_{T_2}, \cdots, F_{T_m} \rightarrow V_T(t_1, t_2, \cdots, t_m) \\ F_{S_1}, F_{S_2}, \cdots, F_{S_n} \rightarrow V_S(s_1, s_2, \cdots, s_n) \\ F_{V_1}, F_{V_2}, \cdots, F_{V_p} \rightarrow V_V(v_1, v_2, \cdots, v_p) \end{cases} \tag{6-1}$$

式中：F_{C_l} 表示原始图像的第 l 个颜色特征；F_{T_m} 表示原始图像的第 m 个纹理特征；F_{S_n} 表示原始图像的第 n 个形状特征；F_{V_p} 表示原始图像的第 p 个可能特征；c_l 表示特征 F_{C_l} 映射成的特征向量；t_m 表示特征 F_{T_m} 映射成的特征向量；s_n 表示特征 F_{S_n} 映射成的特征向量；v_p 表示特征 F_{V_p} 映射成的特征向量。

$$\left.\begin{matrix} V_C(c_1, c_2, \cdots, c_l) \\ V_T(t_1, t_2, \cdots, t_m) \\ V_S(s_1, s_2, \cdots, s_n) \\ V_V(v_1, v_2, \cdots, v_p) \end{matrix}\right\} \rightarrow V(v_1, v_2, \cdots, v_l, v_{l+1}, \cdots, v_{l+m}, v_{l+m+1}, \cdots v_{l+m+n+p}) \tag{6-2}$$

式中：$V(\ )$ 表示融合后的特征向量；v_1 表示 c_1 在融合后特征向量中映射出的形式，以此类推。

需要指出的是，不同特征向量的量纲不同，取值范围也存在较大差异，当融合成一个特征向量时，需要按照一定的规则加以处理。例如，归一化处理就可以在很大程度上削弱取值范围差异对不同特征向量的影响。此外，也可以针对图像信息的实际情况，来确定各种特征向量在融合后所占的比重。

6.4 相似性测度层面的多特征融合框架设计

多特征的融合处理，也可以考虑在相似性测度层面进行，这种融合策略和特征向量层面的融合有所不同。

6.4.1 框架设计

参照特征向量层面的多特征融合框架，进一步给出相似性测度层面的多特征融合框架，如图 6-3 所示。

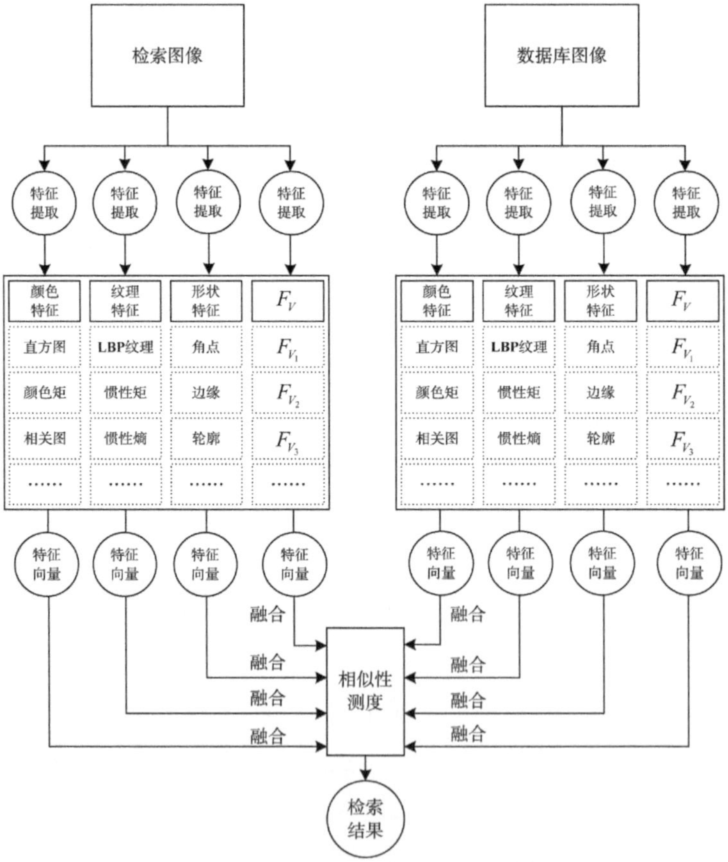

图 6-3 相似性测度层面的多特征融合框架

检索过程的第一个环节，和特征向量层面的多特征融合检索一样，根据原始图像分别求取颜色特征、纹理特征、形状特征、可能特征中的两种或两种以上的特征。

检索过程的第二个环节，是将提取出的每一个特征映射成对应的特征向量，但仍然保持各个向量的独立性。

检索过程的第三个环节，是根据每一个特征向量构建一个相似性测度，并将多个相似性测度融合成一个相似性测度，以它作为检索过程的最终判断依据。这个融合后的相似性测度，决定着整个检索效率和检索准确性。

6.4.2　典型测度

为了便于描述多个相似性测度的融合处理，先分析典型的相似性测度。

1. Minkowski 相似性测度

Minkowski 相似性测度，是以 Minkowski 距离为判断依据执行相似性判断，Minkowski 距离是借助李氏范数来检验两幅图像之间的相似性，如公式（6-3）所示。

$$L_p(D,\ Q)=\left[\sum_{i=1}^{n}\left|F_i(D)-F_i(Q)\right|\right]\frac{1}{p} \tag{6-3}$$

式中：D 表示数据库图像；Q 表示待检索图像；L_p 表示李氏范数距离；$F_i(D)$ 表示数据库图像第 i 个特征；$F_i(Q)$ 表示待检索图像第 i 个特征。

$L_p(D,\ Q)$ 越小，表示待检索图像和数据库图像的相似性越大。此类相似性测度的计算量大小，和 p 的取值有关。

2. 直方图相似性测度

直方图相似性测度，是以直方图距离为判断依据执行相似性判断，两幅图像之间的直方图距离计算如公式（6-4）所示。

$$S_H(D,\ Q)=\sqrt{\sum_{i=1}^{n}\left[H_D(i)-H_Q(i)\right]^2} \tag{6-4}$$

式中：$H_D(i)$ 表示数据库图像的统计直方图；$H_Q(i)$ 表示待检索图像的

统计直方图。

$S_H(D,\ Q)$ 越小，表示待检索图像和数据库图像的相似性越大。

3. 二次式相似性测度

二次式相似性测度，是以二次式距离为判断依据执行相似性判断，两幅图像之间的二次式距离计算如公式（6-5）所示。

$$S_A(D,\ Q)=\sqrt{(F_D-F_Q)^{\mathrm{T}}A(F_D-F_Q)} \tag{6-5}$$

式中：A 表示一个基于心理学分析的对称矩阵。

$S_A(D,\ Q)$ 的计算量较大，主要是因为 A 的计算量比较大。

4. Mahalanobis 相似性测度

Mahalanobis 相似性测度，是以马氏距离为判断依据执行相似性判断，马氏距离的计算如公式（6-6）所示。

$$S_C(D,\ Q)=\sqrt{(F_D-F_Q)^{\mathrm{T}}C^{-1}(F_D-F_Q)} \tag{6-6}$$

式中：C 表示图像中抽取的特征向量之间的协方差。如果这些抽取出的特征向量相互独立，Mahalanobis 相似性测度可简化为公式（6-7）。

$$S_C(D,\ Q)=\sum_{i=1}^{n}\frac{(F_D-F_Q)^2}{c_i} \tag{6-7}$$

式中：c_i 表示了每个距离分量对应的方差。

5. 卡方相似性测度

卡方相似性测度，是以卡方距离为判断依据执行相似性判断，卡方距离的计算如公式（6-8）所示。

$$S_{\chi^2}(D,\ Q)=2\sum_{i=1}^{n}\frac{[F_D(i)-F_Q(i)]^2}{F_D(i)+F_Q(i)} \tag{6-8}$$

式中：n 表示参加融合的特征总数。

6.4.3 融合规则

相似性测度层面的多特征融合，关键在于将依托不同特征计算的相似性测度融合在一起。本节设计两种融合处理规则，以适应不同情况的选择。

1. 线性融合

线性融合，是按照线性处理策略，将不同特征计算的相似性测度融合在一起，如公式（6-9）所示。

$$S_{\text{Fusion}} = \alpha_1 S_1(F_1) + \alpha_2 S_2(F_2) + \cdots \tag{6-9}$$

式中：S_{Fusion} 表示融合后的相似性测度；S_1 表示两幅图像基于第一种特征 F_1 计算的相似度；α_1 表示相似性测度 S_1 在融合后测度 S_{Fusion} 中所占的比重，以此类推。

2. 非线性融合

有些情况下，基于不同特征计算的相似性测度之间不符合线性关系，需要采用非线性关系加以融合，如公式（6-10）所示。

$$S_{\text{Fusion}} = \Re(S_1(F_1), S_2(F_2), \cdots) \tag{6-10}$$

式中：$\Re()$ 表示多个相似性测度的非线性融合关系。

6.5 基于层次分析的图像检索技术评价框架设计

一种图像检索技术的好坏，可以从多个方面来进行评价，检索精度、检索可靠性和检索时间是最重要的三项评价指标。根据这三个指标，再依托层次分析方法，构建适用于不同检测问题的图像检索技术评价框架。

6.5.1 三个评价指标

1. 检索精度

检索精度，也称为检索准确率，在图像检索领域中一般用查准率来表示。在一次检索过程中，用 N 表示检索结果返回的图像总数，用 Q 表示检索结果中符合要求的图像总数，查准率可用公式（6-11）计算。

$$P = \frac{Q}{N} \times 100\% \tag{6-11}$$

2. 检索可靠性

在图像检索领域中，可以将更多的符合要求的图像检索出来，一般用查全率来表示。在一次检索过程中，用 Q 表示检索结果中符合要求的图像总数，用 M 表示图像库中全部符合检索要求的图像总数，那么查全率可以用公式（6-12）计算。

$$R = \frac{Q}{M} \times 100\% \tag{6-12}$$

3. 检索时间

检索时间的长短，可以直观地反映出一种图像检索技术的执行效率，这也是决定是否可以应用于实时性要求较高场合的重要判断依据，在本节中检索时间用 t 来表示。

6.5.2 层次分析评价框架设计

在检测领域中，往往需要同时从多个角度考察一种图像检索技术的性能，以便综合考虑其检索精度、检索可靠性、检索效率后，再判断是否适用。本节构建层次分析的评价框架，形成对检索方法全面的评价。

层次分析法，将一个复杂问题逐步分解为多个层次，每个层次中又包含了难度已经降低的一系列子问题。求解过程是分析过程的逆过程，从底层开始解决子问题，逐级逆推，直到反解出最初的复杂问题。对于检测领域中图像检索技术的性能评价而言，可以将其细分为检索精度、检索可靠性、检索效率三个子问题，形成一个二层次的评价框架，如图 6-4 所示。

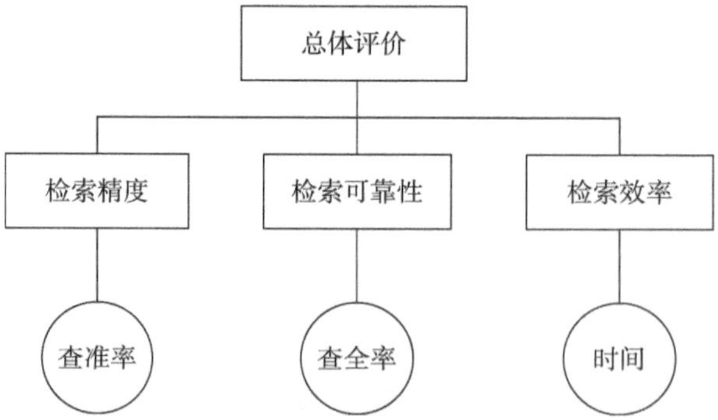

图 6-4 层次分析评价框架

根据图 6-4 的层次分析评价框架，结合层次分析法的过程，评价处理的具体操作如下：

第一步，将图像检索技术的总体性能评价，分解为三个子问题，即检索精度评价、检索可靠性评价、检索效率评价。这三个评价问题，分别定位于查准率、查全率、时间这三个具体的指标。

第二步，建立各个指标重要性的评估矩阵。评估矩阵是层次分析法得以开展的基础，它是由指标之间的重要性比对结果所构成的。这种重要性的评价过程，要结合实际的应用背景以及领域专家的意见作出。评估矩阵中各指标重要性的对比，依赖于评估分值表，如表 6-1 所示。

表 6-1　评估分值表

评分	评分标准	评分过程对应的物理意义
1/1	同样重要	评价指标 A 和 B 相比，同等重要
3/1	比较重要	评价指标 A 和 B 相比，指标 A 比较重要
5/1	重要	评价指标 A 和 B 相比，指标 A 重要
7/1	很重要	评价指标 A 和 B 相比，指标 A 很重要
9/1	非常重要	评价指标 A 和 B 相比，指标 A 非常重要
1/3	比较次要	评价指标 A 和 B 相比，指标 A 比较次要
1/5	次要	评价指标 A 和 B 相比，指标 A 次要
1/7	很次要	评价指标 A 和 B 相比，指标 A 很次要
1/9	非常次要	评价指标 A 和 B 相比，指标 A 非常次要

将每个层次的指标分别按照行和列排布之后，两两之间形成比较，参照表 6-1 的评分标准进行评分，可以形成由各个指标重要性构成的评估矩阵，本节用 $A=(a_{ij})$ 来表示。因为评估矩阵的形成过程，其对角线元素都是相同元素的比较，所有的数值都是 1。同时，评估矩阵还具备以对角线为轴对称的特点，以对角线为轴，对称位置的元素都互为倒数。评估矩阵中的各个元素都是正值，不存在为负的情况。

第三步，根据评估矩阵计算各个指标的权重，如公式（6-13）所示。

$$w_i=\frac{\sqrt{\prod_{j=1} a_{ij}}}{\sum_{i=1}^{n}\sqrt{\prod_{j=1} a_{ij}}} \tag{6-13}$$

第四步，检验第三步权重计算的可信程度，也称为可信性校验，如公式（6-14）、公式（6-15）、公式（6-16）所示。

$$\lambda_{max} = \frac{1}{n}\sum_{i=1} \frac{(Aw)_i}{w_i} \tag{6-14}$$

$$CI = \frac{\lambda_{max} - n}{n - 1} \tag{6-15}$$

$$CRE = \frac{CI}{RI} \tag{6-16}$$

根据上述三个公式的计算结果，如果 $CRE < 0.1$，则说明第四步计算出的权重是可信的。

第五步，逐层反推，计算出总体评价。

6.6 本章小结

本章对多特征融合图像检索理论和相应的评价方法展开了研究。首先，分析了基于单一特征的图像检索技术框架，明确了特征提取、特征向量生成、相似性比较等三个核心环节的工作。其次，构建了特征向量层面的多特征融合框架，给出了特征向量的融合处理方法。再次，构建了相似性测度层面的多特征融合框架，给出了线性融合和非线性融合两种方法。最后，在层次分析法的基础上，构建了综合考虑查准率、查全率、检索时间三项指标的图像检索技术评价框架。

第 7 章　基于颜色特征和边缘特征融合的图像检索技术

7.1 引　言

为了同时满足检索精度、检索可靠性、检索效率等指标的要求，确立了多特征融合的图像检索技术为本章的核心研究内容。

颜色特征是图像检索领域中使用最为广泛的特征。第一，大部分图像都含有丰富的颜色信息，即便是灰度图像也有着丰富的灰度等级分布；第二，颜色特征的提取比较方便，并且已经形成了多种成熟的特征提取方法；第三，颜色特征在判断差异性和相似性时，不仅效果好，而且执行速度也比较快。

边缘特征是介于纹理特征和形状特征之间的一类图像特征，对于图像内容的区域性表达也很有代表性。同颜色特征一样，边缘特征的提取也比较方便，已经有包括 Roberts 算子、Sobel 算子、Prewitt 算子、LOG 算子、Canny 算子等在内的多种成熟的提取方法。

因为颜色特征和边缘特征的优势所在，本章的图像检索技术设计将这两种特征作为融合处理的基本特征。为了达到对颜色信息的充分利用，考虑将每一幅图像的颜色信息进行进一步分解。图像的颜色空间也有多种格式，最常见的是RGB空间的颜色表达。RGB颜色空间是由三个颜色通道构成的，即R颜色通道、G颜色通道、B颜色通道。已有的很多图像检索技术在使用颜色特征时，都是直接考虑颜色信息的RGB整体表达，而没有从三个独立的颜色通道上提取特征。

本章图像检索技术的思路是，将待检索图像和数据库图像先分解成R、G、B三个颜色通道上的图像，再分别从这三幅图像上提取颜色特征和边缘特征，最终检索结果也要综合这三个通道上图像的特征比较结果，以此来提升图像检索技术的检索精度。但是，一幅图像被拆分成三幅图像，会增加特征提取和相似性比较的时间。要解决这一问题，又进一步引入小波多分辨率分析策略，在三幅图像的小波分量图像上提取颜色特征和边缘特征，以加快整个图像检索过程的处理速度。

7.2 颜色特征和边缘特征融合的检索流程

将颜色特征和边缘特征融合在一起，构建的检索流程如图7-1所示。

从图7-1的流程图中可以看出，本章构建的颜色特征和边缘特征融合的图像检索技术，大致分为以下六个步骤。

第一步，将待检索图像和数据库图像的原始图像，分别执行RGB颜色信息分解，从而形成三个和原始图像分辨率一致的新图像，即只含有R颜色信息的图像、只含有G颜色信息的图像、只含有B颜色信息的图像。

第二步，分别对R颜色信息图像、G颜色信息图像、B颜色信息图像进行小波分解，以获得这三幅图像的多分辨率分析结果，为后续的颜色特征和边缘特征提取做好准备。

第三步，在小波多分辨率分析结果中，选取尺寸减小但足以表达分解前图像信息的小图像，分别提取颜色特征和边缘特征，为后续的相似性判断做好准备。

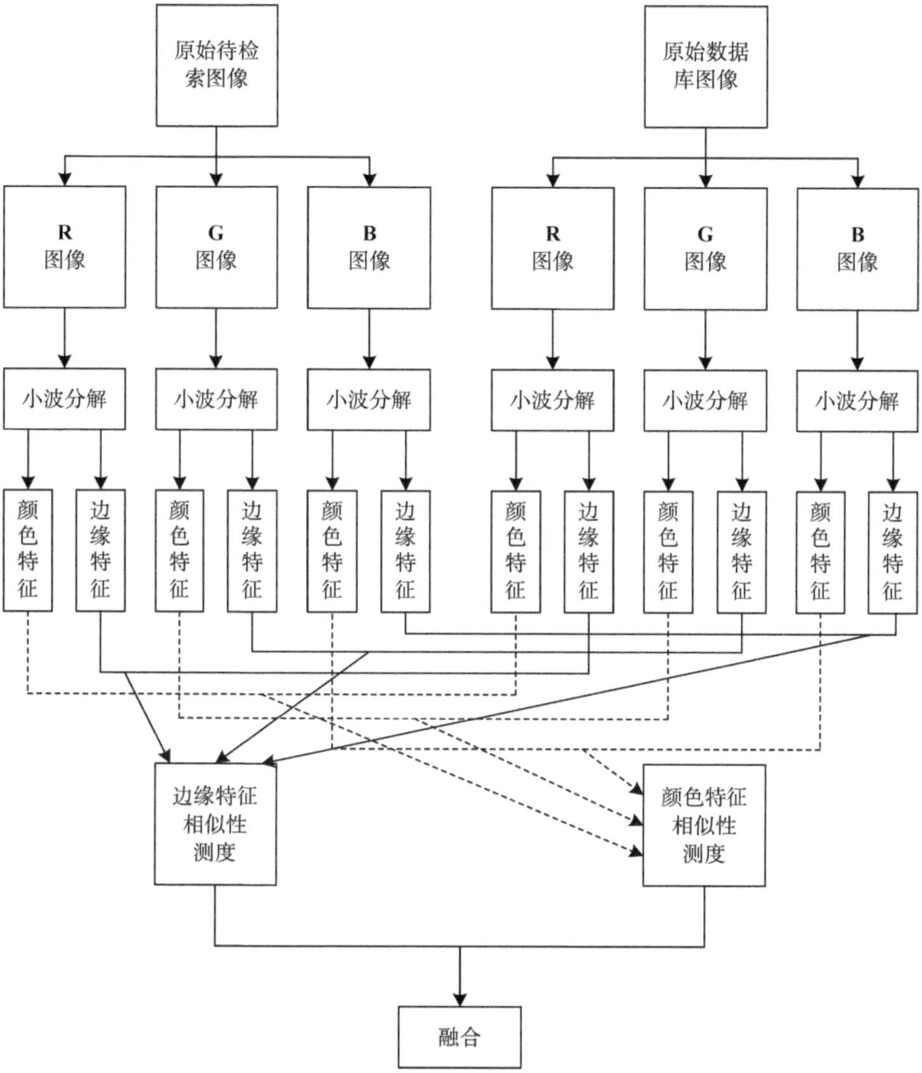

图 7-1　颜色特征和边缘特征融合的检索流程

第四步，计算待检索图像和数据库图像中 R 成分小波子图像颜色特征和边缘特征的相似性测度、G 成分小波子图像颜色特征和边缘特征的相似性测度、B 成分小波子图像颜色特征和边缘特征的相似性测度。

第五步，将第四步所获得的 6 个相似性测度融合在一起，形成总的相似性测度，用于判断两幅图像的相似性。

第六步，反复执行上述过程，直到检索数据库中所有图像，形成检索结果输出和排序。

7.3 颜色特征和边缘特征融合的检索方法

按照第 7.2 节给出的颜色特征和边缘特征融合的检索流程，分别从颜色信息分解、小波多分辨率分析、颜色特征提取、边缘特征提取、相似性测度计算等环节，对此图像检索技术的实现过程加以阐述。

7.3.1 颜色信息分解

目前，大多数图像都是以数字图像格式存储。数字图像对于颜色信息的表达，是以颜色空间的形式实现。颜色空间又分为不同的模型，如 RGB 颜色空间模型、HSV 颜色空间模型、HIS 颜色空间模型、CMY 颜色空间模型、Lab 颜色空间模型等。其中，RGB 颜色空间模型是使用最为广泛的一种。

RGB 颜色空间模型，利用 R、G、B 三个颜色通道的配置，既可以表达彩色图像信息，也可以表达灰度图像信息。当表达灰度图像信息时，R 颜色通道、G 颜色通道、B 颜色通道的数值相等。所以，灰度图像的 RGB 表达，也可以看作彩色图像的 RGB 表达的一种特殊情况。

一幅数字图像中的像素颜色信息，在 RGB 颜色空间模型下，表达方式如公式（7-1）所示。

$$C = R \times 256^0 + G \times 256^1 + B \times 256^2 \tag{7-1}$$

式中：C 表示数字图像中任意一个像素的颜色信息。

据此，如果已知数字图像中任意一个像素的颜色信息，可以将其分解为 R、G、B 三个分量信息，如公式（7-2）所示。

$$
\begin{cases}
B = \left[\dfrac{C}{256^2} \right] \\
G = \left[\dfrac{C - B \times 256^2}{256} \right] \\
R = C - B \times 256^2 - G \times 256
\end{cases}
\tag{7-2}
$$

式中：[*] 表示取整的操作处理。

为了直观地展示一幅彩色图像经过 RGB 颜色信息分解后的效果，给出了如图 7-2 所示的示例情况。

（a）彩色图像

（b）R 分量

（c）G 分量

（d）B 分量

图 7-2　彩色图像的 RGB 分解

从图 7-2 中的结果可以看出，经过 RGB 分解，原来的彩色图像变成了三幅分量图像，可以为相似性比较提供更多的特征。但是，一幅图像变成三幅图像，会增加特征提取和相似性比较的时间。

7.3.2 小波多分辨率分析

针对 RGB 分解可能造成的检索时间增加的问题，本节引入小波多分辨率分析，对 R、G、B 三个分量图像执行小波分解，进而用分解结果中的一部分代替原来的 R、G、B 分量图像，执行后续的特征提取工作。因为小波分解结果的一部分，在尺寸上大为减小，从而可以有效地缩短特征提取的执行时间。

一幅图像的二级小波分解，如图 7-3 所示。

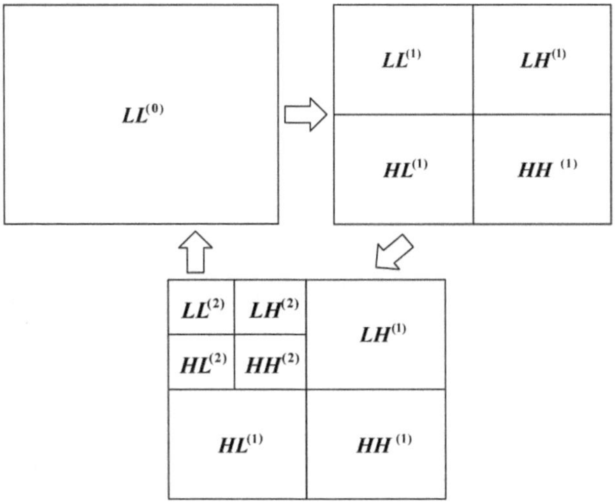

图 7-3 一幅图像的二级小波分解

图 7-3 中，$LL^{(0)}$ 用于表示一幅图像的原始信息，$LL^{(1)}$ 、$LH^{(1)}$ 、$HL^{(1)}$ 、$HH^{(1)}$ 分别代表了原始图像一级小波分解后的 4 个成分。其中，$LL^{(1)}$ 是小波多分辨率分析获得的低通成分，$LH^{(1)}$ 、$HL^{(1)}$ 、$HH^{(1)}$ 是小波多分辨率分析获得的高通成分。在这个分解结果中，$LL^{(1)}$ 与原始图像最为相似，但是尺寸变为原来的 1/4。$LL^{(2)}$ 、$LH^{(2)}$ 、$HL^{(2)}$ 、$HH^{(2)}$ 分别代表了原始图像二级小波分解后的 4 个成分，$LL^{(2)}$ 与原始图像最为相似，尺寸进一步变为原始图像的 1/16。更高级的分解过程，原理上与此相同，执行处理以此类推。

下面，从数学处理的角度给出小波多分辨率分析的过程。用 k 代表当前分解级次，则 $(k-1)$ 代表前一次的分解级次。如果图像尺寸为 $X \times Y$，则小波分解结果中四个分量的计算如公式（7-3）到公式（7-6）所示。

$$LL^{(k)}(x, y) = [[LL_{rows}^{(k-1)} \times \overline{H}]_{2\downarrow 1columns} \times \overline{H}]_{1\downarrow 2} \tag{7-3}$$

式中：$x = 1, \cdots, \frac{X}{2^k}$；$y = 1, \cdots, \frac{Y}{2^k}$。

$$LH^{(k)}(x, y) = [[LL_{rows}^{(k-1)} \times \overline{H}]_{2\downarrow 1columns} \times \overline{G}]_{1\downarrow 2} \tag{7-4}$$

式中：$x = \frac{X}{2^k} + 1, \cdots, \frac{X}{2^{k-1}}$；$y = 1, \cdots, \frac{Y}{2^k}$。

$$HL^{(k)}(x, y) = [[LL_{rows}^{(k-1)} \times \overline{G}]_{2\downarrow 1columns} \times \overline{H}]_{1\downarrow 2} \tag{7-5}$$

式中：$x = 1, \cdots, \frac{X}{2^k}$；$y = \frac{Y}{2^k} + 1, \cdots, \frac{Y}{2^{k-1}}$。

$$HH^{(k)}(x, y) = [[LL_{rows}^{(k-1)} \times \overline{G}]_{2\downarrow 1columns} \times \overline{G}]_{1\downarrow 2} \tag{7-6}$$

式中：$x = \frac{X}{2^k} + 1, \cdots, \frac{X}{2^{k-1}}$；$y = \frac{Y}{2^k} + 1, \cdots, \frac{Y}{2^{k-1}}$。

在公式（7-3）到公式（7-6）中，一些共同参数代表了如下的物理意义：$\overline{H}$ 代表了分解过程中使用的低通滤波器；$\overline{G}$ 代表了分解过程中使用的高通滤波器；$2\downarrow 1$ 代表了沿着列方向进行处理；$1\downarrow 2$ 代表了沿着行方向进行处理。

从小波多分辨率分析的视觉效果上看，本次分解结果中的 $LL^{(k)}$ 和上一级图像信息 $LL^{(k-1)}$ 最为相似。不仅如此，$LL^{(k)}$ 从视觉信息上看，对于再上一级图像信息 $LL^{(k-2)}$ 也是可以替代表达的。经过两次小波分解，$LL^{(k)}$ 就变为 $LL^{(k-2)}$ 尺寸的 1/16，在 $LL^{(k)}$ 上执行特征提取的时间会大大低于在 $LL^{(k-2)}$ 上执行特征提取的时间。

7.3.3　颜色特征提取

颜色特征是本章方法中相似性比较的第一个基本特征，其求取过程如下：原始图像经过 RGB 分解后，在 R、G、B 三个分量图像上分别执行二次小波分解，最后在二次分解结果 $LL^{(2)}$ 上提取各个像素的灰度，作为颜色特征的表达。颜色特征的提取过程如图 7-4 所示。

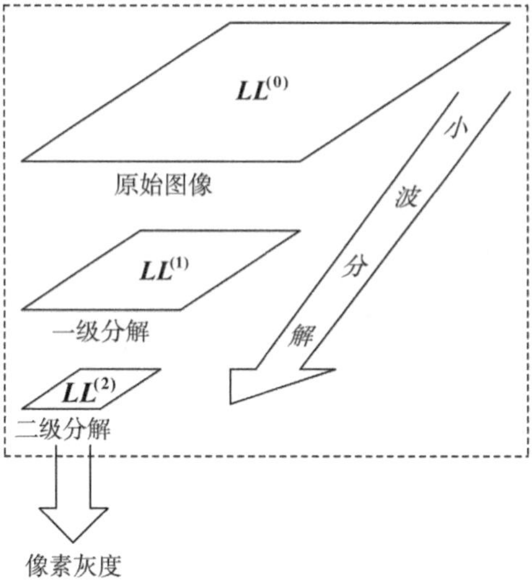

图 7-4　颜色特征的提取过程

图 7-4 的提取过程，要在待检索图像和每一幅数据库图像上执行。

用 $LL_q^{(0)}$ 表示待检索图像的原始图像，则其可以形成 R、G、B 三个分量图像 $RLL_q^{(0)}$、$GLL_q^{(0)}$、$BLL_q^{(0)}$。这三个分量图像的二次小波分解结果中，和它们最为相似的成分分别为 $RLL_q^{(2)}$、$GLL_q^{(2)}$、$BLL_q^{(2)}$。在这三个二次小波分解结果上提取颜色特征，任意位置 (x, y) 处的像素灰度分别是 $RLL_q^{(2)}(x, y)$、$GLL_q^{(2)}(x, y)$、$BLL_q^{(2)}(x, y)$。

用 $LL_D^{(0)}$ 表示任意一幅数据库图像的原始图像，则其可以形成 R、G、B 三个分量图像 $RLL_D^{(0)}$、$GLL_D^{(0)}$、$BLL_D^{(0)}$。这三个分量图像的二次小波分解结果中，和它们最为相似的成分分别为 $RLL_D^{(2)}$、$GLL_D^{(2)}$、$BLL_D^{(2)}$。在这三个二次小波分解结果上提取颜色特征，任意位置 (x, y) 处的像素灰度分别是 $RLL_D^{(2)}(x, y)$、$GLL_D^{(2)}(x, y)$、$BLL_D^{(2)}(x, y)$。

7.3.4　边缘特征提取

边缘特征提取可以采用边缘检测方法。常见的边缘检测算子有很多，如 Roberts 算子、Sobel 算子、Canny 算子等。

在这些边缘检测算子中，Roberts 算子原理简单、便于实现、计算速度快、边缘定位准确，但是在实际边缘的附近会出现较宽的检测响应。从视觉效果上看，Roberts 算子检测出的边缘比较粗，或者说不是单像素的。在一般情况下，Roberts 算子还要配合形态学的细化处理，以获得单像素的边缘特征。

对于本章的图像检索需求而言，并不是以准确定位边缘特征为目的，较粗的边缘特征反而有利于获得丰富的相似性判断依据。因此，在边缘特征提取环节，选择了 Roberts 算子，并且不需要再执行后续的细化处理。

Roberts 算子的数学处理过程，相当于以模板的形式检索每一个像素，其检测边缘的数学形式如公式（7-7）所示。

$$\| \nabla f(x, y) \| = \sqrt{\left(\frac{\partial f}{\partial x}\right)^2 + \left(\frac{\partial f}{\partial y}\right)^2} \approx \left|\frac{\partial f}{\partial x}\right| + \left|\frac{\partial f}{\partial y}\right| \tag{7-7}$$

式中：$f(x, y)$ 表示图像的像素信息。两个偏导函数的计算，如公式（7-8）所示。

$$\begin{aligned} \frac{\partial f}{\partial x} &\approx f(x+1, y) - f(x, y) \approx f(x+1, y+1) - f(x, y+1) \\ \frac{\partial f}{\partial y} &\approx f(x, y+1) - f(x, y) \approx f(x+1, y+1) - f(x+1, y) \end{aligned} \tag{7-8}$$

因此，可以从四个方向上完成边缘梯度的近似计算，如公式（7-9）所示。

$$\left|\frac{\partial f}{\partial x}\right| + \left|\frac{\partial f}{\partial y}\right| \approx \begin{cases} \dfrac{\partial f}{\partial x} + \dfrac{\partial f}{\partial y} \approx f(x+1, y+1) - f(x, y) \\ \dfrac{\partial f}{\partial x} - \dfrac{\partial f}{\partial y} \approx f(x+1, y) - f(x, y+1) \\ -\dfrac{\partial f}{\partial x} + \dfrac{\partial f}{\partial y} \approx f(x, y+1) - f(x+1, y) \\ -\dfrac{\partial f}{\partial x} - \dfrac{\partial f}{\partial y} \approx f(x, y) - f(x+1, y+1) \end{cases} \tag{7-9}$$

利用 Roberts 算子，分别对原始图像的 R、G、B 三个分量图像执行边缘检测，检测结果如图 7-5 所示。

(a) *R* 分量　　(b) *G* 分量　　(c) *B* 分量

(d) *R* 边缘　　(e) *G* 边缘　　(f) *B* 边缘

图 7-5　边缘检测结果

从图 7-5 中的结果可以看出，根据三幅分量图像检测出的边缘信息，比一幅原始图像的边缘特征要丰富得多。并且，三幅分量图像形成的边缘，既有相同的区域，也有不同的区域，分别执行相似性比较作为图像检索判断的依据，会进一步增加比较结果的可信性。

为了进一步提升整个检索方法的速度，同颜色特征的提取一样，也把 Roberts 边缘特征的提取放在 *R*、*G*、*B* 三个分量图像的二次小波分解结果上进行。

7.3.5　相似性测度计算

分别在待检索图像和数据库图像的三幅分量图像二次小波分解结果上提取颜色特征和边缘特征后，需要将这些特征纳入相似性测度中进行计算，比较待检索图像和数据库图像的相似性。

因为分别提取了 *R*、*G*、*B* 三个分量图像的颜色特征和边缘特征，所以最终的相似性测度中共包含 6 个子测度，分别用于衡量 6 个特征的相似性。

在颜色特征提取中，已经分别提取了待检索图像和数据库图像三幅分量图像二次小波分解结果在任意（x，y）处的像素灰度，即 $RLL_q^{(2)}(x, y)$、$GLL_q^{(2)}(x, y)$、$BLL_q^{(2)}(x, y)$、$RLL_D^{(2)}(x, y)$、$GLL_D^{(2)}(x, y)$、$BLL_D^{(2)}(x, y)$。

因此，对于原始图像 R、G、B 三幅分量图像的颜色特征相似性子测度，可以采取直方图距离进行计算，如公式（7-10）、公式（7-11）、公式（7-12）所示。

$$S_{RH}(D, Q) = \sqrt{\sum_{i=1}^{n} [H_{RD}(i) - H_{RQ}(i)]^2} \tag{7-10}$$

式中：$H_{RD}(i)$ 是根据数据库图像 R 分量图像上全部像素的灰度信息 $RLL_D^{(2)}(x, y)$ 统计出的直方图信息；$H_{RQ}(i)$ 是根据待检索图像 R 分量图像上全部像素的灰度信息 $RLL_q^{(2)}(x, y)$ 统计出的直方图信息。

$$S_{GH}(D, Q) = \sqrt{\sum_{i=1}^{n} [H_{GD}(i) - H_{GQ}(i)]^2} \tag{7-11}$$

式中：$H_{GD}(i)$ 是根据数据库图像 G 分量图像上全部像素的灰度信息 $GLL_D^{(2)}(x, y)$ 统计出的直方图信息；$H_{GQ}(i)$ 是根据待检索图像 Q 分量图像上全部像素的灰度信息 $GLL_q^{(2)}(x, y)$ 统计出的直方图信息。

$$S_{BH}(D, Q) = \sqrt{\sum_{i=1}^{n} [H_{BD}(i) - H_{BQ}(i)]^2} \tag{7-12}$$

式中：$H_{BD}(i)$ 是根据数据库图像 B 分量图像上全部像素的灰度信息 $BLL_D^{(2)}(x, y)$ 统计出的直方图信息；$H_{BQ}(i)$ 是根据待检索图像 B 分量图像上全部像素的灰度信息 $BLL_q^{(2)}(x, y)$ 统计出的直方图信息。

在边缘特征提取中，已经分别提取了待检索图像和数据库图像三幅分量图像二次小波分解结果上的边缘特征，进一步将边缘图像划分成多个尺寸相同的子块，统计子块中边缘像素的数目。

例如，256 × 256 的原始图像，经过 2 次小波分解后，将变为 64 × 64 的图像。将 64 × 64 的边缘图像再划分成 256 个 4 × 4 的子块，统计每一个子块图像上的边缘像素数目的占比。边缘图像进行过二值化后，背景灰度都为 0，边缘灰度都为 255。这样，统计边缘像素数目占比的工作就变成统计灰度为 255 的像素数目的工作。对于一幅 4 × 4 的子块图像，255 灰度像素出现的可能数目分别是 0、1、2、3、4、5、6、7、8、9、10、11、12、

13、14、15、16。之后，再进行二次统计处理，统计这 17 个级别上的边缘块的数目，并以此为依据比较待检索图像和数据库图像的相似性。

因此，对于原始图像 R、G、B 三个分量图像的边缘特征相似性子测度，可以采取类似于直方图距离的方法进行计算，如公式（7-13）到公式（7-15）所示。

$$S_{RE}(D, Q)=\sqrt{\sum_{i=1}^{n}[N_{RD}(i)-N_{RQ}(i)]^2} \tag{7-13}$$

式中：$N_{RD}(i)$ 是数据库图像 R 分量图像上子块图像集合中边缘像素为 i 的子块图像的总数；$N_{RQ}(i)$ 是待检索图像 R 分量图像上子块图像集合中边缘像素为 i 的子块图像的总数。

$$S_{GE}(D, Q)=\sqrt{\sum_{i=1}^{n}[N_{GD}(i)-N_{GQ}(i)]^2} \tag{7-14}$$

式中：$N_{GD}(i)$ 是数据库图像 G 分量图像上子块图像集合中边缘像素为 i 的子块图像的总数；$N_{GQ}(i)$ 是待检索图像 G 分量图像上子块图像集合中边缘像素为 i 的子块图像的总数。

$$S_{BE}(D, Q)=\sqrt{\sum_{i=1}^{n}[N_{BD}(i)-N_{BQ}(i)]^2} \tag{7-15}$$

式中：$N_{BD}(i)$ 是数据库图像 B 分量图像上子块图像集合中边缘像素为 i 的子块图像的总数；$N_{BQ}(i)$ 是待检索图像 B 分量图像上子块图像集合中边缘像素为 i 的子块图像的总数。

至此，得到了待检索图像和数据库图像 R、G、B 三色分量图像共 6 个特征的对应的相似性子测度。按照线性融合的方法，形成总体相似性测度，如公式（7-16）所示。

$$\begin{aligned}S=&\alpha_1 S_{RH}(D, Q)+\alpha_2 S_{GH}(D, Q)+\alpha_3 S_{BH}(D, Q)\\&+\alpha_4 S_{RE}(D, Q)+\alpha_5 S_{GE}(D, Q)+\alpha_6 S_{BE}(D, Q)\end{aligned} \tag{7-16}$$

式中：α_1、α_2、α_3、α_4、α_5、α_6 分别代表了 R 分量颜色特征、G 分量颜色特征、B 分量颜色特征、R 分量边缘特征、G 分量边缘特征、B 分量边缘特征对总体相似性测度的贡献程度，这里认为它们的贡献是相同的，全部取 1/6。随着待检索图像和数据库图像的逐一比较，相似性最大的数据库图像排在检索结果的第一位，以此类推。

7.4　检索性能评价实验

为了验证提出的基于颜色特征和边缘特征融合的图像检索技术的性能，进一步展开实验研究。

7.4.1　检索结果

实验中，使用了一个自建的小型图像数据库，此数据库中含有 8 类图像，分别是花、鸟、鱼、虎、山、树、星、云，每类图像 100 幅，图像总数共计 800 幅。以一幅“花”图像为检索图像，检索结果如图 7-6 所示。

图 7-6　花的检索结果

在图 7-6 中，第一行的单幅图像为待检索图像，第二行和第三行的图像为按照相似性程度排序得出的检索结果。

从这个检索结果可以看出，检索结果的第一幅图像为待检索图像本身，其余 5 幅检索出的图像也全部是“花”类图像，并且这 5 幅图像的颜色特征和边缘特征和待检索图像也都是非常相似的。这一检索结果，充分证明了提出的基于颜色特征和边缘特征融合的图像检索技术是有效的。

7.4.2 性能评价

为了形成更直观的比较，选择另外两种技术作为对比方法：一种是在原始图像上只提取颜色特征的检索技术；另一种是在原始图像上只提取边缘特征的检索技术。三种技术的查准率对比曲线，如图 7-7 所示。

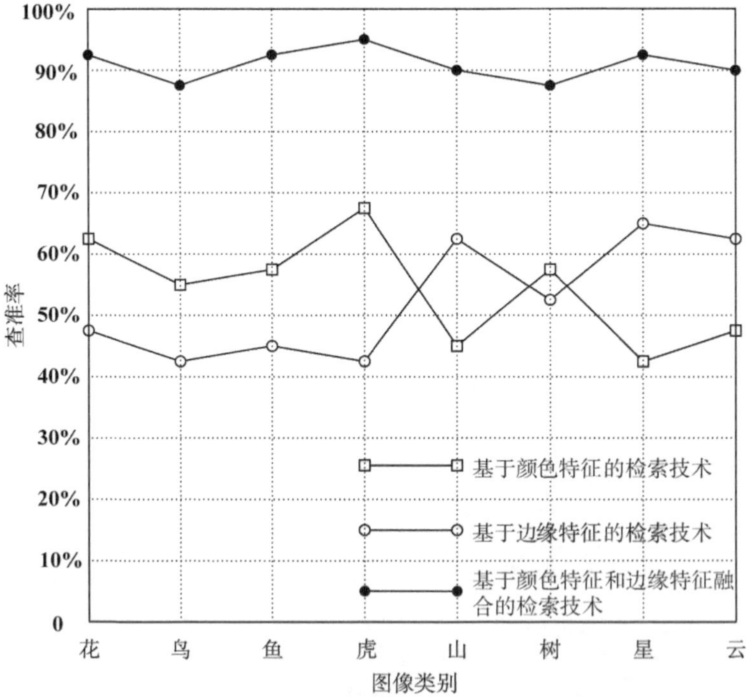

图 7-7 三种技术的查准率对比曲线

从图 7-7 中的对比结果可以看出：基于单一颜色特征的图像检索技术和基于单一边缘特征的图像检索技术，其查准率在 40% 到 70% 的区间内分布；花、鸟、鱼、虎、树这 5 类图像的颜色特征较为丰富，基于单一颜色特征的图像检索技术查准率较为理想；山、星、云这 3 类图像的边缘特征较为丰富，基于单一边缘特征的图像检索技术查准率较为理想；相比这两种技术，本章提出的基于颜色特征和边缘特征融合的图像检索技术，获得了更高的查准率，8 类图像的查准率在 85%到 95%的区间分布。这说明，两类特征融合后的检索结果准确性要明显高于单一特征的检索结果。

三种技术对数据库中全部 8 类图像的查全率对比曲线，如图 7-8 所示。

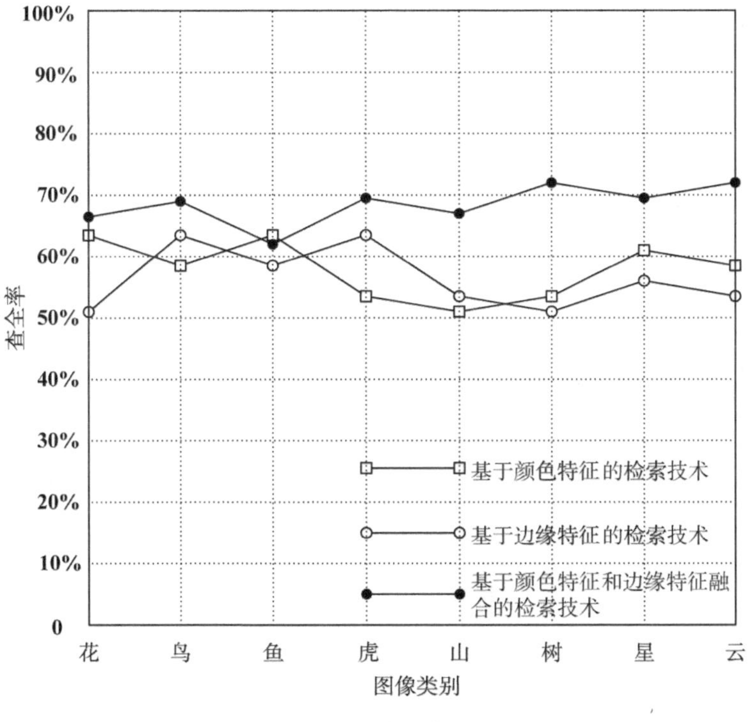

图 7-8　三种技术的查全率对比曲线

从图 7-8 中的结果可以看出，三种检索技术的查全率比较接近，本章提出的基于颜色特征和边缘特征融合的图像检索技术虽然查全率略高，但没有表现出特别明显的优势。

三种技术对数据库中全部 8 类图像的平均检索时间对比情况，如表 7-

1 所示。

表 7-1　三种技术的平均检索时间对比情况

	单一颜色特征	单一边缘特征	颜色特征和边缘特征融合
特征提取（秒）	0. 325	0. 871	0. 107
相似性检索（秒）	0. 178	0. 224	0. 252
总用时（秒）	0. 503	1. 095	0. 359

从表 7-1 的检索时间对比数据可以看出：单一边缘特征的特征提取时间长，而本章方法虽然同时提取了颜色特征和边缘特征，但因为都在小波分解的低分辨率图像上进行，提取时间大为降低，这也使得此技术的检索总用时最少。

综合查准率、查全率、检索时间三项性能评价的结果，本章提出的基于颜色特征和边缘特征的图像检索技术，同时具备了精确性和快速性。

7. 5　标准库检索实验

为了进一步验证提出的基于颜色特征和边缘特征融合的图像检索技术的性能，以 Corel 标准库为实验对象展开实验研究。Corel 标准库是图像检索领域广泛认同的标准开源库。

7. 5. 1　检索结果

实验中，以 Flower、Butterfly、Tree、Beach、Buildings、Buses、Horses、Mountains、Food、Coast 这 10 类图像为主要检索目标。将一幅 “Flower” 图像，按照基于颜色特征和边缘特征融合的图像检索技术，在 Corel 标准库中执行检索，检索结果如图 7-9 所示。

图 7-9　在 Corel 标准库中的检索结果

从图 7-9 中可以看出，本次检索结果的前 10 幅图像全部查准，证实了本章提出的检索方法的有效性。

7.5.2　与经典算法的比较结果

为了形成和本章提出的基于颜色特征和边缘特征融合的图像检索技术的横向比对，选取全局和局部融合（以下简称文献［96］方法）和基于仿射变换融合（以下简称文献［100］方法）两种经典的方法作为比对方法，三种方法针对 Corel 库中 10 类图像的查准率比较结果，如图 7-10 所示。

从图 7-10 中可以看出，对于同样的 Corel 标准库、同样的计算机，文献［96］方法的查准率稍好，本章提出的基于颜色特征和边缘特征融合的图像检索技术查准率次之，文献［100］方法的查准率稍差。

这说明，本章提出的基于颜色特征和边缘特征融合的图像检索技术和经典方法相比，查准率是令人满意的。

进一步比较三种方法在检索时间上的差异，对于 Corel 库中 10 类图像的检索时间如表 7-2 所示。

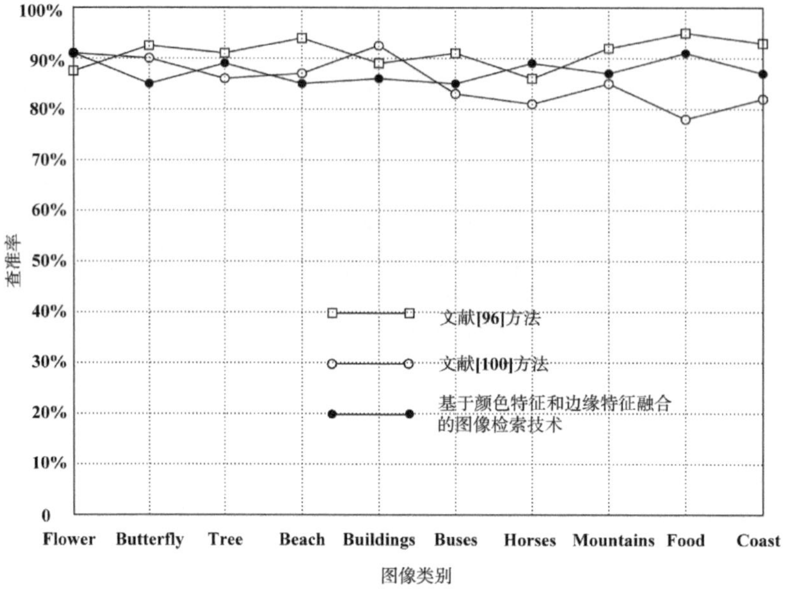

图 7-10　查准率对比

表 7-2　检索时间对比

时间（秒）

图像类别	文献［96］方法	文献［100］方法	本章方法
Flower	0. 231	0. 217	0. 165
Butterfly	0. 319	0. 324	0. 237
Tree	0. 287	0. 262	0. 209
Beach	0. 265	0. 271	0. 215
Buildings	0. 244	0. 193	0. 174
Buses	0. 259	0. 205	0. 183
Horses	0. 274	0. 224	0. 162
Mountains	0. 302	0. 253	0. 219
Food	0. 292	0. 261	0. 192
Coast	0. 311	0. 278	0. 238

从表 7-4 中可以看出，对于 Corel 标准库中的 10 类图像，文献［96］

方法的用时最多，文献［100］方法的用时次之，二者相差不多。相比于这两种方法，本章提出的基于颜色特征和边缘特征融合的图像检索技术的用时大为降低。

综合比较查准率和检索时间之比可知，本章提出的基于颜色特征和边缘特征融合的图像检索技术总体性能要强于文献［96］和文献［100］中的经典方法。

7.6　农产品品质的检测实验

为了进一步验证基于颜色特征和边缘特征融合的图像检索技术在实际应用中的效果，以农产品品质检测为背景开展如下的实验研究。

7.6.1　实验背景

农产品的品质检测是农业生产和农业经济中的重要问题，也关乎大众的生活质量。目前，包括水果、蔬菜、粮食等主要农作物的品质检测，还是以人工为主，检测效率低、检测精度不高。

图像检索技术，应用于农产品的品质检测具有较大的可行性。对于特定的农产品，在一定的检测条件约束下，将可能的品质等级以图像的形式存储在数据库中，将待检测的农产品也拍摄成图像并在数据库中进行检索，依据最相似的检索结果对待检测的农产品进行品质鉴定。相比于人工检测，依据图像检索技术进行的农产品检测，具有更高的检测效率。

7.6.2　实验设置

整个实验过程如下所示。

第一步，以 100 幅西瓜图像构建一个小型的图像数据库。这些图像包含了正常的西瓜和有缺陷的西瓜。其中，正常的西瓜又分为圆形西瓜、长方形西瓜，这两类西瓜又分为“1 级”“2 级”“3 级”，这个级别的差异反映了西瓜的大小和光泽度等品质因素；有缺陷的西瓜，又分为裂纹缺陷、孔洞缺陷等。

第二步，对每一幅数据库图像形成品质标注，如西瓜的形状、品质等级、对应的包装型号等。如 LC2 型号的西瓜，就是大（L）、长（C）、2 级品质的西瓜。

第三步，拍摄视野内的待检测西瓜图像，根据基于颜色特征和边缘特征融合的图像检索技术，在数据库中进行比对检索。

第四步，根据最相似的数据库图像对应的标注信息，得出对待检测西瓜图像的品质鉴定结论。

7.6.3 实验结果

西瓜品质检测的验证性实验共分为三组：第一组检测实验中，检测对象是一个带有裂缝的西瓜；第二组检测实验中，检测对象是一个圆形的西瓜；第三组检测实验中，检测对象是一个长方形的西瓜。

第一组检测实验结果如图 7-11 所示。在西瓜品质检测软件平台的第一行图像中，第一幅为待检测的西瓜图像，第二、三、四幅为待检测系统图像经过颜色特征和边缘特征融合检索后，生成的 R、G、B 三个分量图像的边缘图像；第二行图像的第一幅图像是数据库中和待检索图像最相似的图像，第二、三、四幅为检索结果的 R、G、B 三个分量图像的边缘图像。

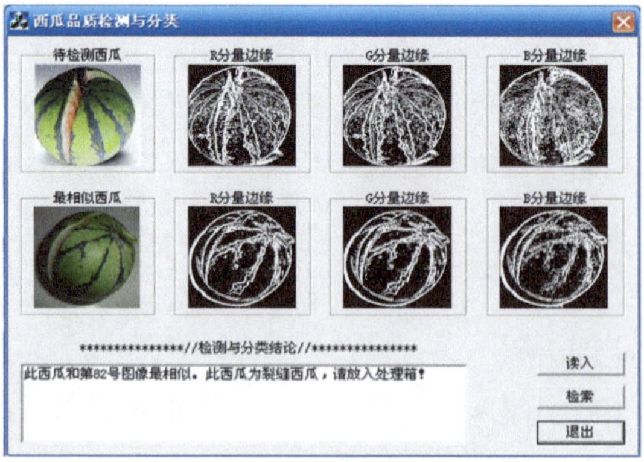

图 7-11　第一组检测实验结果

软件平台右下角有三个功能按钮，“读入”负责读取当前拍摄的待检测西瓜图像，“检索”负责启动基于颜色特征和边缘特征融合的检索方法。软件平台下方，是检测结论的文字显示区。此处提示此西瓜为裂缝西瓜，不能进行正常包装。

第二组检测实验结果如图 7-12 所示。在西瓜品质检测软件平台的第一行图像中，第一幅为待检测的西瓜图像，第二、三、四幅为待检测系统图像经过颜色特征和边缘特征融合检索后，生成的 R、G、B 三个分量图像的边缘图像；第二行图像的第一幅图像是数据库中和待检索图像最相似的图像，第二、三、四幅为检索结果的 R、G、B 三个分量图像的边缘图像。

检测结论显示：当前待检测西瓜为 2 级圆瓜，应当放入 MY2 型包装箱中。

图 7-12　第二组检测实验结果

第三组检测实验结果如图 7-13 所示。在西瓜品质检测软件平台的第一行图像中，第一幅为待检测的西瓜图像，第二、三、四幅为待检测系统图像经过颜色特征和边缘特征融合检索后，生成的 R、G、B 三个分量图像的边缘图像；第二行图像的第一幅图像是数据库中和待检索图像最相似的图像，第二、三、四幅为检索结果的 R、G、B 三个分量图像的边缘图像。

检测结论显示：当前待检测西瓜为 3 级长瓜，应当放入 LC2 型包装箱中。

上述三组实验的结果说明，基于颜色特征和边缘特征融合的图像检索技术可以应用于农产品的品质检测，检测结果配合机械手等执行装置可以进一步完成农产品的自动分类与自动包装。

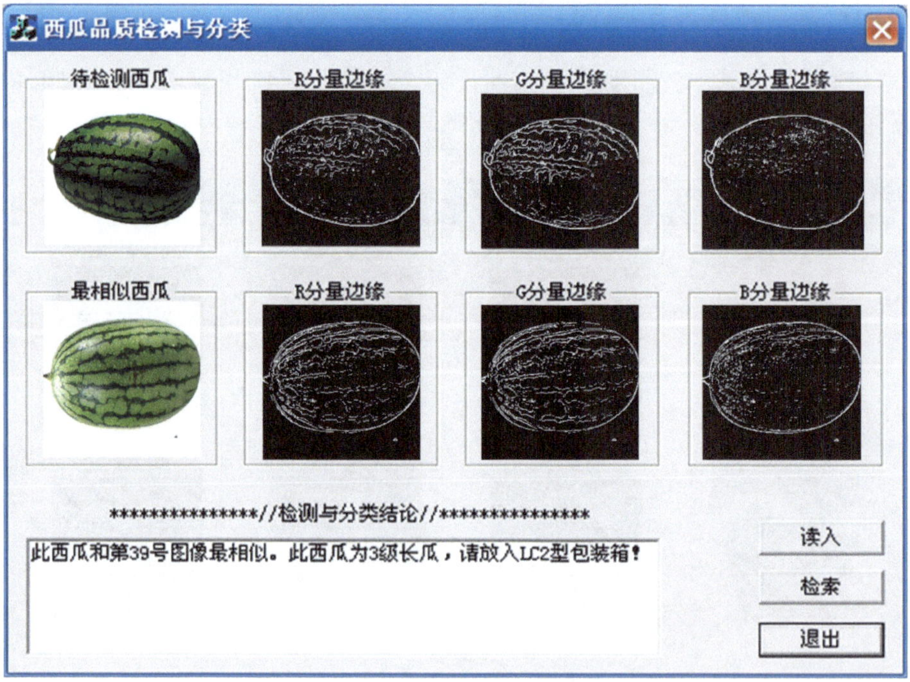

图 7-13　第三组检测实验结果

7.7　本章小结

本章针对检测领域高精度、快速性的需求，提出了一种基于颜色特征和边缘特征融合的图像检索技术。此技术首先将待检索图像和数据库图像分解为 R、G、B 三个分量图像，再利用小波多分辨率分析方法将三个分量图像进行二次小波分解，然后分别在三个分量图像的二次小波低频分量上求取颜色特征和边缘特征，最后将三个分量图像上的 6 个特征融合在一起构建一个融合相似性测度。

根据自建图像数据库的检索实验结果表明，提出的基于颜色特征和边缘特征融合的图像检索技术性能要优于基于单一特征的图像检索技术，尤其是在检索精度和检索速度上性能更加突出。进一步针对农产品品质检测展开验证性实验研究，证实了基于颜色特征和边缘特征融合的图像检索技术在农产品品质检测领域中应用的可行性和有效性。

第 8 章　基于小波基特征的图像检索技术

8.1　引　言

在第 7 章中，构建了一种基于颜色特征和边缘特征融合的图像检索技术。此技术因为同时使用了颜色特征和边缘特征，获得了比基于单一特征的图像检索技术更高的检索精度。而在检索时间的控制方面，此方法引入了小波多分辨率分析策略，将特征提取放在原始图像的二次小波分解低频图像上，也获得了令人满意的结果。

将颜色特征和边缘特征融合的图像检索技术，确实提升了检索精度和检索速度。但此技术也表现出局限性，就是在查全率方面并未比单一特征的图像检索技术有太大的提升，即检索可靠性没有明显的改变。

检索技术的可靠性，表现在对更多图像进行检索时的适用性。基于颜色特征和边缘特征融合的图像检索技术，对于颜色信息、边缘信息丰富的图像具有较强的针对性，对于这两类特征信息不明显的图像适应能力就有所下降了。此外，基于颜色特征和边缘特征融合的图像检索技术，特征提取的过程是固定的，不会根据不同图像的不同情况进行改变，这就使得检索过程中无法进行有针对性的调整，检索技术的可靠性也无法有效提升。

根据这一实际情况，针对检测领域中参与检索图像的多样性，本章将构建一种可靠性更高的图像检索技术。此技术可以根据不同的图像，进行自适应的特征提取，从而提升检索过程的可靠性。

本章的图像检索技术，再次借助了小波变换的相关理论。在基于颜色特征和边缘特征融合的图像检索技术的构建过程中，借助了小波多分辨率分析能力；在本章中，图像检索技术要充分借助小波变换的自适应能力。

小波变换的自适应性，主要是根据小波基的灵活调整来实现的。小波变换的这一性质，对于图像特征的准确表达也具有极强的针对性。当图像特征表现出差异时，灵活地调整其小波基表达，会大大提升图像特征在后续相似性比较过程中的适应性。

所以，本章要构建一种基于小波基特征的图像检索技术，为不同的图像量身定制适合其特征的小波滤波器和小波基表达，以提升检索过程的可靠性。

8.2　小波基特征

小波基特征是本章图像检索技术的核心，因此先来阐述小波基特征的设计原理和计算过程。

8.2.1　小波基特征计算

假设一幅图像的宽度为 W、高度为 H，那么这幅图像可以用 $F=(f_{w,h})$ 表达，$f_{w,h}$ 表示在 (w, h) 位置处的像素，w 的取值范围为 $[0, W-1]$，h 的取值范围为 $[0, H-1]$。

给定一个一般性的小波滤波器 $\Phi=(\varphi_{m,n})$，m 的取值范围为 $[-M, M]$，n 的取值范围为 $[-N, N]$，那么这个小波滤波器的表达空间大小为 $(2M+1)\times(2N+1)$，则此滤波器满足公式（8-1）。

$$\sum_{\substack{m=-M,\cdots,M\\ n=-N,\cdots,N}} \varphi_{m,n}=0 \tag{8-1}$$

对于图像在任意位置（w，h）处的像素，任意一个缩放尺度 c 的小波基函数，可以按照公式（8-2）构建。

$$b_{w,h,c}=\sum_{\substack{m=-M,\cdots,M\\ n=-N,\cdots,N}} \varphi_{m,n} f_{w-cm,h-cn} \tag{8-2}$$

小波基的计算，也可以采用公式（8-3）。

$$b_{w,h,c}=\sum_{\substack{m=-M,\cdots,M\\ n=-N,\cdots,N\\ (m,n)\neq(0,0)}} \varphi_{m,n}(f_{w-cm,h-cn}-f_{i,j}) \tag{8-3}$$

如果一幅图像的纹理特征确定，它的小波基函数的分布特征，可以采用一个广义的高斯函数来逼近，这个高斯函数需要用两个参数来控制其幅度和形状，这两个参数分别是 p_A 和 p_S 。

根据两个广义的高斯函数参数，进一步用伽马函数计算出两个参数矩，如公式（8-4）、公式（8-5）所示。

$$\theta_1=p_A\sqrt{\frac{\Gamma\left(\frac{3}{p_S}\right)}{\Gamma\left(\frac{1}{p_S}\right)}} \tag{8-4}$$

式中：$\Gamma()$ 表示的是伽马函数。

$$\theta_2=\frac{\Gamma\left(\frac{5}{p_S}\right)\Gamma\left(\frac{1}{p_S}\right)}{\Gamma\left(\frac{3}{p_S}\right)^2}-3 \tag{8-5}$$

通过调整 p_S 这个参数，θ_1、θ_2 这两个参数矩可以描述任意图像的小波基特征。θ_1、θ_2 的极值情况，记为 $\bar{\theta}_1$、$\bar{\theta}_2$，可以按照公式（8-6）和公式（8-7）来计算。

$$\bar{\theta}_1=\sqrt{G_{c,2}} \tag{8-6}$$

$$\bar{\theta}_2=\frac{G_{c,4}}{(\bar{\theta}_1)^4}-3 \tag{8-7}$$

式中：$G_{c,d}$（$d=2$ 或 $d=4$）表示图像 F 实施小波变换之后得到的一个函数，其多项表达式如公式（8-8）所示。

$$G_{c,\ d}=\frac{c^2}{WH}\sum_{\substack{w\in W_c\\ h\in H_c}}b_{w,\ h,\ c}^{d} \tag{8-8}$$

式中：W_c、H_c 表示的是两个尺度空间几何，分别为 $\{0,\ c,\ 2c,\ \cdots,\ (W-1)c\}$、$\{0,\ c,\ 2c,\ \cdots,\ (H-1)c\}$。因此，可以求得 $\bar{\theta}_1$、$\bar{\theta}_2$ 表征图像特征的计算复杂度为 $O\left(\frac{WHMN}{c^2}\right)$。

8.2.2　近似小波基特征

对于任意给定的小波变换缩放尺度 c，可以计算出图像 F 的小波基特征 $\bar{\theta}_1$、$\bar{\theta}_2$。因此，还可以计算出 $\bar{\theta}_1$、$\bar{\theta}_2$ 的导数特征等一系列其他特征。小波基特征的优势在于，具有不同特征的图像可以提取出不同的小波基特征，由此展开的图像检索不会因为图像的变化而失效，灵活性和可靠性高。

但是，直接提取小波基特征 $\bar{\theta}_1$、$\bar{\theta}_2$ 的时间复杂度较大，会降低检索过程的执行速度。为了减少小波基特征的计算时间，这里考虑使用一种近似的小波基来替代 $\bar{\theta}_1$、$\bar{\theta}_2$。

这个近似处理借助了泰勒级数展开原理，因此首先构造一个泰勒级数函数，如公式（8-9）所示。

$$T(\varphi)=\sum_{i=0}^{n_T}\frac{T^{(i)}(\varphi_0)}{i!}(\varphi-\varphi_0)^i+e(\|\varphi-\varphi_0\|n_{T2}) \tag{8-9}$$

式中：n_T 表示泰勒展开的阶次。$\|\varphi\|_2$ 的计算，如公式（8-10）所示。

$$\|\varphi\|_2=\sqrt{\frac{1}{(2M+1)(2N+1)}\sum_{\substack{m=-M,\ \cdots,\ M\\ n=-N,\ \cdots,\ N}}\varphi_{m,\ n}^2} \tag{8-10}$$

公式（8-9）中的泰勒级数，对于 $\bar{\theta}_1$、$\bar{\theta}_2$、$\frac{\partial\ \bar{\theta}_1}{\partial\ \varphi_{m,\ n}}$、$\frac{\partial\ \bar{\theta}_2}{\partial\ \varphi_{m,\ n}}$ 的展开和近似都是适用的。

根据公式（8-9）和公式（8-10），如果将一个小波滤波器 φ 和正实数 k 作乘法处理，相当于 $G_{c,\ d}$ 和 k^d 作乘法处理，据此可以证明 $k\varphi$ 也是图像的小波基特征。

同理可知，$\bar{\theta}_1$、$\bar{\theta}_2$、$\frac{\partial \bar{\theta}_1}{\partial \varphi_{m,n}}$、$\frac{\partial \bar{\theta}_2}{\partial \varphi_{m,n}}$ 分别执行和正实数 k 的乘法处理，它们也都满足正向尺度不变性。

进一步将 $k\varphi$ 和 $(-1)^d$ 作乘法处理，当 d 为奇数时，相当于 φ 和一个负实数 $-k$ 作乘法处理，可以证明 $-k\varphi$ 也是图像的小波基特征。$\bar{\theta}_1$、$\bar{\theta}_2$、$\frac{\partial \bar{\theta}_1}{\partial \varphi_{m,n}}$、$\frac{\partial \bar{\theta}_2}{\partial \varphi_{m,n}}$ 分别执行和负实数 $-k$ 的乘法处理，它们也都满足负向尺度不变性。

综合两个方向上的不变性，可知图像的小波基特征具有尺度不变性。可以将小波基特征的计算调整到 $\|\varphi\|_2=1$ 的单位球尺度范围内，这样就可以降低小波基特征的计算时间。

8.3 基于小波基特征的图像检索流程

在执行小波变换计算小波基特征的基础上，构建一种可靠性更高的图像检索技术，其流程如图 8-1 所示。

从图 8-1 的流程图中可以看出，本章构建的基于小波基特征的图像检索技术，大致分为以下五个步骤。

第一步，分别从待检索图像和数据库图像开始，构建小波基方程。

第二步，基于小波基方程，计算小波基特征及其近似特征。

第三步，从待检索图像和数据库图像中分别提取出 $\bar{\theta}_1$、$\bar{\theta}_2$ 两个特征参数。

第四步，分别比较待检索图像和数据库图像的 $\bar{\theta}_1$ 特征和 $\bar{\theta}_2$ 特征的相似性，形成两个相似性子测度。

第五步，将上一步的两个相似性子测度融合成一个相似性总测度，判断两幅图像的相似性，给出检索结果。

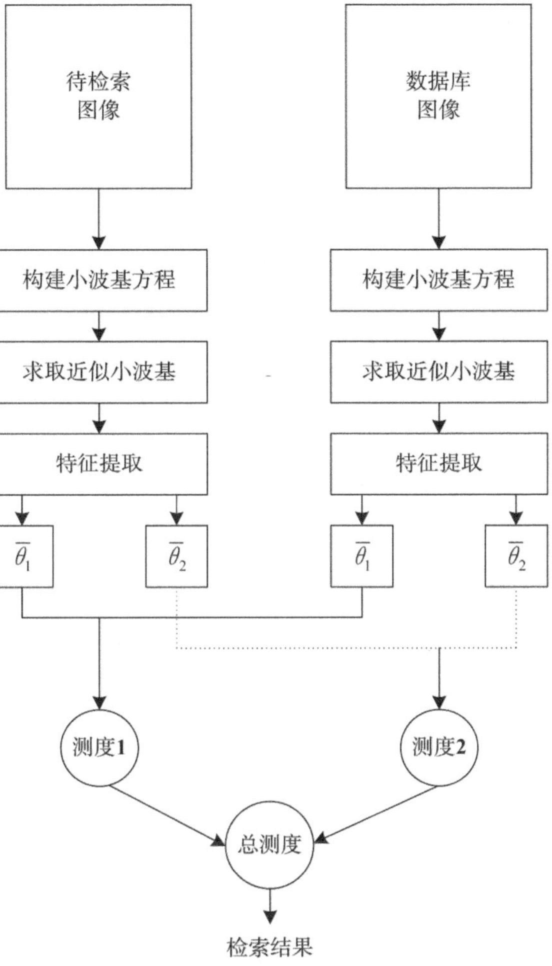

图 8-1　检索方法的流程

8.4　特征提取和相似性测度

在第 8.3 节中，已经给出了基于小波基特征的图像检索技术的具体流程，其中前两个步骤的具体实现已经在第 8.2 节中给出了原理和数学实现。在本节中，将对特征提取、相似性测度计算这两个环节给出更具体的操作。

8.4.1 特征提取

近似小波基特征提取，是整个方法的关键。一方面，仍然保证了小波基特征对不同图像的适应性；另一方面，将小波基特征的计算调整到 $\|\varphi\|_2=1$ 的单位球尺度范围内，可以降低小波基特征的计算时间。

近似小波基特征的提取，先在 $\|\varphi\|_2=1$ 的单位半球内进行，如图 8-2 所示。

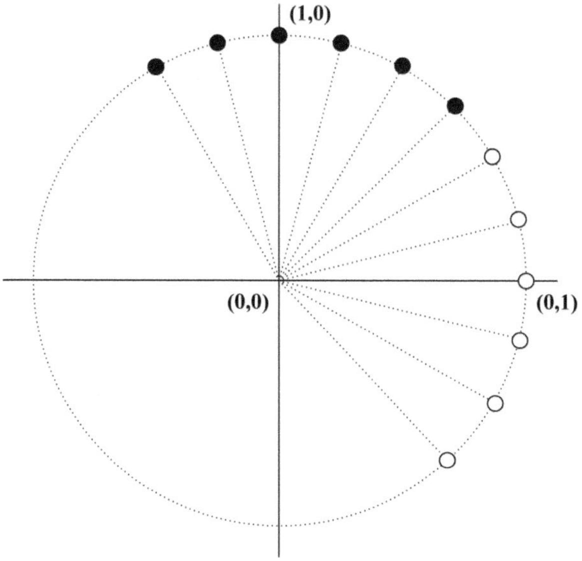

图 8-2 单位半球内的近似小波基特征提取

如图 8-2 所示，横轴代表了单位球内小波滤波器的无约束系数值，这些特征是沿着 $\|\varphi\|_2=1$ 的球面，按照 $\left\{\tan\left[-\left(\frac{\pi}{4}\right)+j\left(\frac{\pi}{2n}\right)\right]\right\}$ 角度等间距平分的。

之后，执行公式（8-9）的泰勒级数展开，如图 8-3 所示。小波基特征沿着 $\|\varphi\|_2=1$ 的球面执行泰勒级数展开，实心圆弧就是展开结果的表示。至此，可以获得待检索图像和数据库图像的近似小波基特征表达。

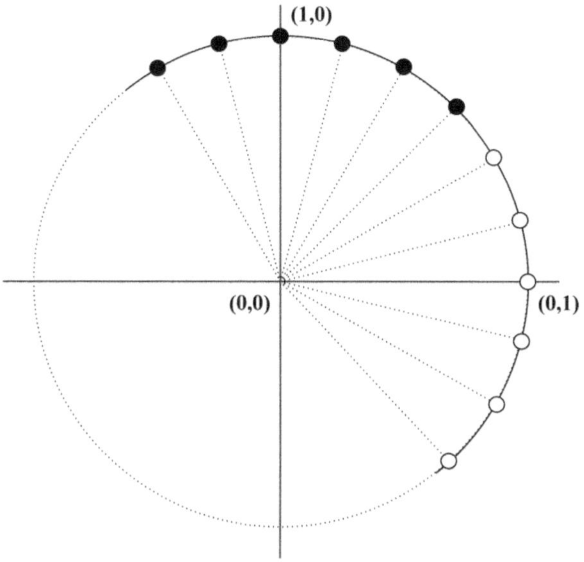

图 8-3　单位半球内的泰勒级数展开

8.4.2　相似性测度

基于小波基特征的图像检索技术，总体相似性测度由两个相似性子测度组成。第一个相似性子测度用于比较待检索图像和数据库图像的近似小波基特征 $\bar{\theta}_1$，第二个相似性子测度用于比较待检索图像和数据库图像的近似小波基特征 $\bar{\theta}_2$，分别如公式（8-11）和公式（8-12）所示。

$$S_{\varphi}^{1}(D,\ Q)=\sqrt{\sum_{i=1}^{n}\left[\bar{\theta}_1^{D}(i)-\bar{\theta}_1^{Q}(i)\right]^2} \tag{8-11}$$

式中：$\bar{\theta}_1^{D}(i)$ 代表了从数据库图像中提取的第 i 个近似小波基特征 $\bar{\theta}_1$；$\bar{\theta}_1^{Q}(i)$ 代表了从待检索图像中提取的第 i 个近似小波基特征 $\bar{\theta}_1$；$S_{\varphi}^{1}(D,\ Q)$ 代表了有关 $\bar{\theta}_1$ 特征的相似性子测度。

$$S_{\varphi}^{2}(D,\ Q)=\sqrt{\sum_{i=1}^{n}\left[\bar{\theta}_2^{D}(i)-\bar{\theta}_2^{Q}(i)\right]^2} \tag{8-12}$$

式中：$\bar{\theta}_2^{D}(i)$ 代表了从数据库图像中提取的第 i 个近似小波基特征 $\bar{\theta}_2$；$\bar{\theta}_2^{Q}(i)$ 代表了从待检索图像中提取的第 i 个近似小波基特征 $\bar{\theta}_2$；$S_{\varphi}^{2}(D,\ Q)$

代表了有关 $\bar{\theta}_2$ 特征的相似性子测度。

两个子测度融合成一个总体相似性测度，如公式（8-13）所示。

$$S = \lambda_1 S_{\varphi}^1(D, Q) + \lambda_2 S_{\varphi}^2(D, Q) \tag{8-13}$$

式中：λ_1、λ_2 分别代表了两个相似性子测度 $S_{\varphi}^1(D, Q)$、$S_{\varphi}^2(D, Q)$ 对总体相似性测度的贡献程度。随着待检索图像和数据库图像的逐一比较，相似度最大的数据库图像排在检索结果第一位，以此类推。

8.5 检索性能评价实验

为了验证提出的基于小波基特征的图像检索技术的性能，进一步展开各项实验研究。

8.5.1 检索结果

实验中仍然使用和第 7 章相同的小型自建图像数据库，此数据库中含有 8 类图像，分别是花、鸟、鱼、虎、山、树、星、云，每类图像 100 幅，图像数共计 800 幅。以一幅“虎”图像为检索图像，检索结果如图 8-4 所示。

在图 8-4 中，第一行的单幅图像为待检索图像，第二、三、四行的图像为按照相似性程度排序得出的检索结果。

从这个检索结果可以看出，检索结果的第一幅图像为待检索图像本身，其余 5 幅检索出的图像也全部是“虎”类图像，并且这 5 幅图像中的虎头的形状、虎皮的花纹、背景区域等特征和待检索图像也都是非常相似的。这一检索结果，充分证明了提出的基于小波基特征的图像检索技术是有效的。

图 8-4　“虎”图像的检索结果

待检索图像的小波基特征视觉效果如图 8-5 所示。

检索结果二图像的小波基特征视觉效果如图 8-6 所示。

从图 8-5 和图 8-6 可以看出，待检索图像和检索结果二图像在 $\|\varphi\|_2 = 1$ 的正半球小波基特征 $\overline{\theta}_1$ 与 $\overline{\theta}_2$ 和 $\|\varphi\|_2 = 1$ 的负半球的小波基特征 $\overline{\theta}_1$ 与 $\overline{\theta}_2$，都有着明显的相似性。

（a）待检索图像

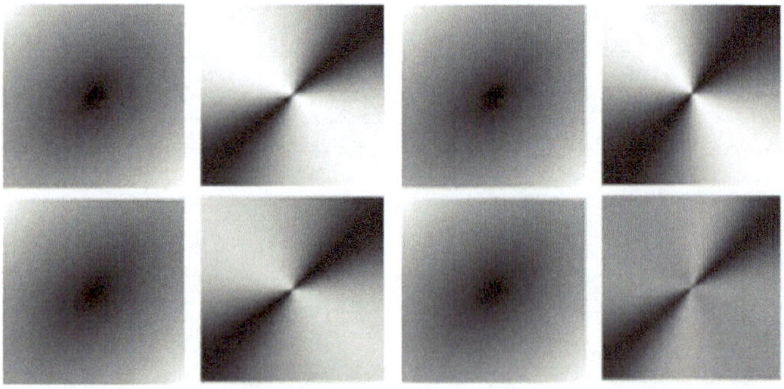

正半球 $\overline{\theta}_1$　正半球 $\overline{\theta}_2$　负半球 $\overline{\theta}_1$　负半球 $\overline{\theta}_2$

（b）小波基特征

图 8-5　待检索图像的小波基特征视觉效果

（a）检索结果二图像

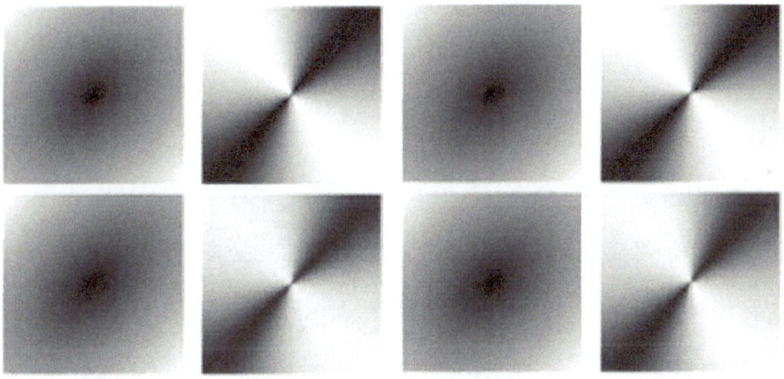

正半球 $\overline{\theta}_1$　　正半球 $\overline{\theta}_2$　　负半球 $\overline{\theta}_1$　　负半球 $\overline{\theta}_2$

（b）小波基特征

图 8-6　检索结果二图像的小波基特征视觉效果

8.5.2　性能评价

为了形成和本章提出的基于小波基特征的图像检索技术的直观比较，选取第 7 章提出的基于颜色特征和边缘特征融合的图像检索技术作为对比方法，两种技术对自建数据库中的 8 类图像执行检索后，查准率对比曲线如图 8-7 所示。

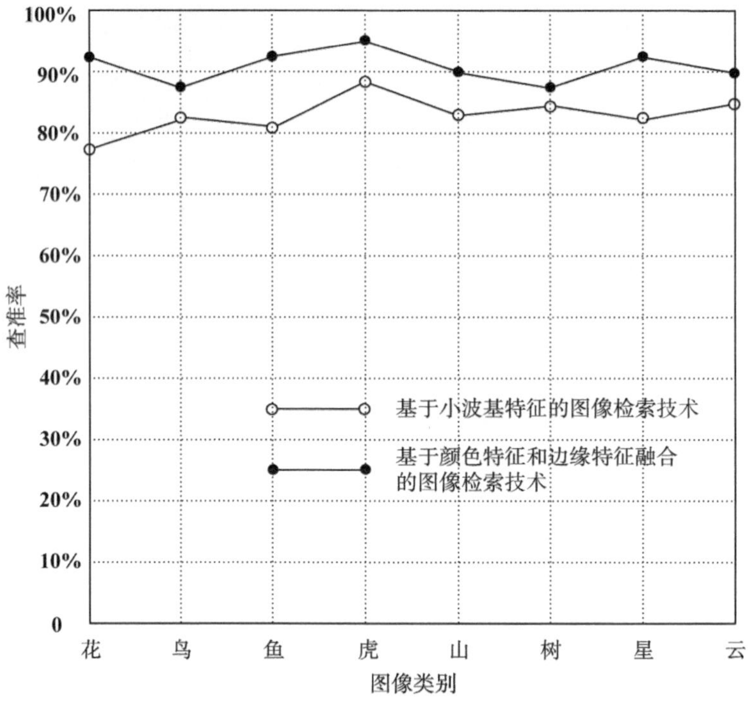

图 8-7　查准率对比曲线

从图 8-7 中的查准率对比结果可以看出，第 7 章提出的基于颜色特征和边缘特征融合的图像检索技术查准率更高，本章提出的基于小波基特征的图像检索技术查准率要低。这与查准率的定义有关，是返回图像总数中符合要求的图像数目占比。究其原因，颜色特征和边缘特征是从图像内容中直接提取出的特征，而小波基特征是利用小波滤波器从图像内容中间接提取出的特征。再加上泰勒展开的近似化处理，使得基于小波基特征的检索方法查准率比用直接特征作为相似性判断依据的方法要低些。

再来比较两种图像检索技术对数据库中全部 8 类图像的查全率对比曲线，如图 8-8 所示。

从图 8-8 中的比较结果可以看出，本章提出的基于小波基特征的图像检索技术的查全率，要明显高于第 7 章提出的基于颜色特征和边缘特征的图像检索技术。查全率反映了图像检索技术能够将全部符合要求图像检出的能力，是鉴别图像检索技术对不同图像可靠性高低的重要依据。

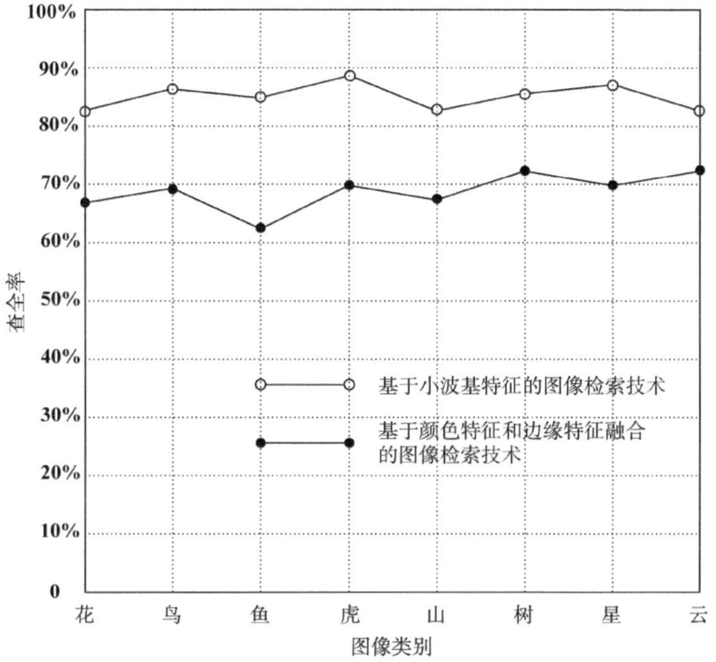

图 8-8　查全率对比曲线

究其原因，第 7 章所提出的图像检索技术，对于颜色特征和边缘特征明显的图像具有更突出的检索能力，因此在有限返回数目的检索结果上表现更好，即查准率更高。而本章所提出的图像检索技术，即便图像内容有较大差异，仍然可以提取出相应的小波基特征，因此在全部符合要求图像中的正确检出率更高，即查全率更高。这也说明，基于小波基特征的图像检索技术，对于不同类型的图像具有更高的可靠性。

两种技术对数据库中全部 8 类图像的平均检索时间对比情况，如表 8-1 所示。

表 8-1　平均检索时间对比

	颜色特征和边缘特征融合	小波基特征
特征提取（秒）	0. 107	0. 184
相似性检索（秒）	0. 252	0. 198
总用时（秒）	0. 359	0. 382

从表 8-1 中的检索时间对比数据可以看出：基于颜色特征和边缘特征融合的图像检索技术，在特征提取阶段消耗的时间较短，但相似性检索阶段因为融合了 6 个子测度消耗的时间较长；基于小波基特征的图像检索技术，虽然采用了泰勒级数展开、单位圆内控制等处理，近似小波基特征提取的时间仍然高于颜色特征和边缘特征的提取时间，但因为只涉及两种子测度的融合相似性计算的时间较短。综合两阶段的执行时间，两种技术的检索时间相差不大。

综合上述三项性能评价，基于颜色特征和边缘特征融合的图像检索技术的查准率更高，基于小波基特征的图像检索技术的查全率更高，两种技术的检索速度相仿。这表明，本章提出的基于小波基特征的图像检索技术，同时具备了可靠性和快速性。

8.6 标准库检索实验

为了进一步验证提出的基于小波基特征的图像检索技术的性能，仍然以 Corel 标准库为实验对象展开实验研究。

8.6.1 检索结果

实验中，仍然以 Flower、Butterfly、Tree、Beach、Buildings、Buses、Horses、Mountains、Food、Coast 这 10 类图像为主要检索目标。将一幅"Butterfly"图像，按照基于小波基特征的图像检索技术，在 Corel 标准库中执行检索，检索结果如图 8-9 所示。

在图 8-9 中，上方的一幅图像为待检索图像，下方的 9 幅图像为检索结果。在 9 幅检索结果图像中，第一幅是待检索图像本身，其余也全部为 Butterfly 类图像。这说明本次检索结果的查准率为 100%。

8.6.2　与经典方法的比较结果

为了形成和本章提出的基于小波基特征的图像检索技术的横向比对，选取文献［96］和文献［100］中两种经典的方法作为比对方法，三种方法针对 Corel 库中 10 类图像的查全率比较结果，如图 8-10 所示。

图 8-9　本章算法在 Corel 标准库中的检索结果

从图 8-10 中可以看出，对于同样的 Corel 标准库、同样的计算机，本章提出的基于小波基特征的图像检索技术查全率，与文献［96］方法的查全率相差不多，但本章方法更为稳定，而文献［96］方法对于不同类别的图像，查全率有一定程度的起伏。

文献［100］方法的查全率，与文献［96］方法和本章方法的查全率相比，有一些差距。

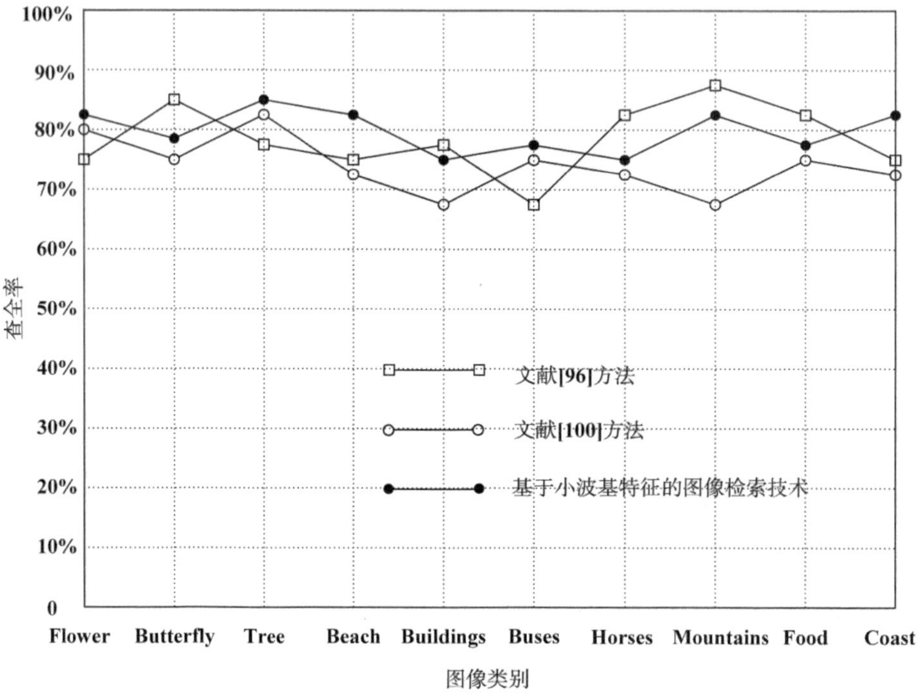

图 8-10 查全率对比

进一步比较三种方法在检索时间上的差异，对于 Corel 标准库中 10 类图像的检索时间如表 8-2 所示。

表 8-2 检索时间对比

时间（秒）

图像类别	文献［96］方法	文献［100］方法	本章方法
Flower	0.231	0.217	0.192
Butterfly	0.319	0.324	0.255
Tree	0.287	0.262	0.224
Beach	0.265	0.271	0.231
Buildings	0.244	0.193	0.188

续表

图像类别	文献［96］方法	文献［100］方法	本章方法
Buses	0. 259	0. 205	0. 204
Horses	0. 274	0. 224	0. 195
Mountains	0. 302	0. 253	0. 231
Food	0. 292	0. 261	0. 204
Coast	0. 311	0. 278	0. 251

从表 8-3 中可以看出，对于 Corel 标准库中的 10 类图像，文献［96］方法的用时最多，文献［100］方法的用时次之，二者相差不多。相比于这两种方法，本章提出的基于小波基特征的图像检索技术的用时要低得多。

综合比较查全率和检索时间之比可知，本章提出的基于小波基特征的图像检索技术总体性能要强于文献［96］和文献［100］中的经典方法。

8. 7　医学病例诊断辅助实验

为了进一步验证基于小波基特征的图像检索技术在实际应用中的效果，以医学病例诊断为背景开展如下的实验研究。

8. 7. 1　实验背景

患者的病情千差万别，即便是同一类疾病也会有各种各样的表象。所以，要给出不同患者准确的病情诊断并对症下药，医生的经验阅历非常关键。

图像检索技术的出现，可以为医生对患者的病情作出准确诊断提供重要的辅助作用。根据已录入病例资料库的图像构建数据库，采用图像检索技术，将待确诊患者的病例图像和数据库中的图像进行比对，可以为医生的诊断提供借鉴，使得诊断结果更准确。

8.7.2 实验设置

整个实验过程的设置如下所示。

第一步，用 300 幅医学 CT 图像构建一个小型的图像数据库，这些图像包含了 100 幅颅腔 CT 图像、100 幅胸腔 CT 图像、100 幅盆腔 CT 图像。

第二步，将数据库中每一幅图像和病理信息、诊断信息、用药信息做好关联标注。

第三步，将待确诊患者的病例图像，根据基于小波基特征的图像检索技术，在数据库中进行比对检索。

第四步，根据最相似的数据库图像对应的标注信息，为医生提供参考。

8.7.3 实验结果

第一组实验，针对一幅颅腔 CT 图像进行，检测实验结果如图 8-11 所示。

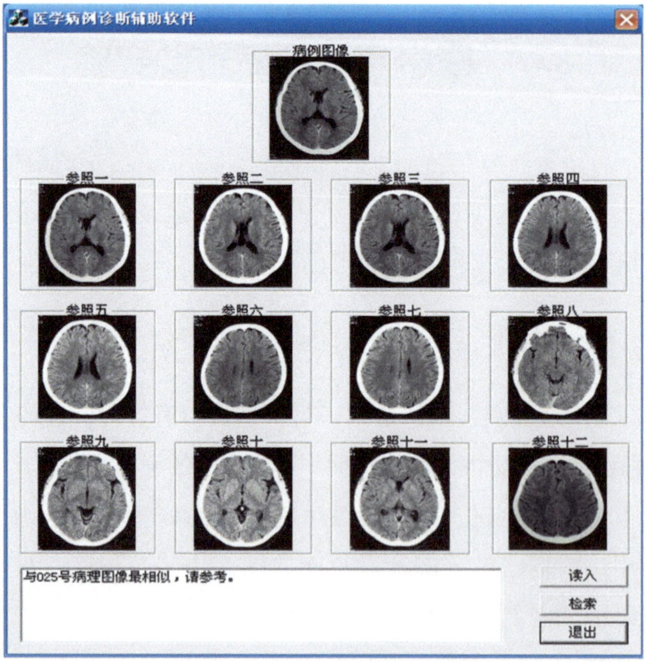

图 8-11 第一组检测实验结果

如图 8-11 所示，医学病例诊断辅助软件根据待检测病例图像和基于小波基特征的图像检索技术，在数据库中进行检索，并提供和待检测病例图像最相似的 12 幅图像，这些图像的视觉信息和相关诊疗资料，都可以为医生作出最后的诊断提供借鉴。

第二组实验针对一幅胸腔 CT 图像进行，第三组实验针对一幅盆腔 CT 图像进行，检测实验结果分别如图 8-12、图 8-13 所示。

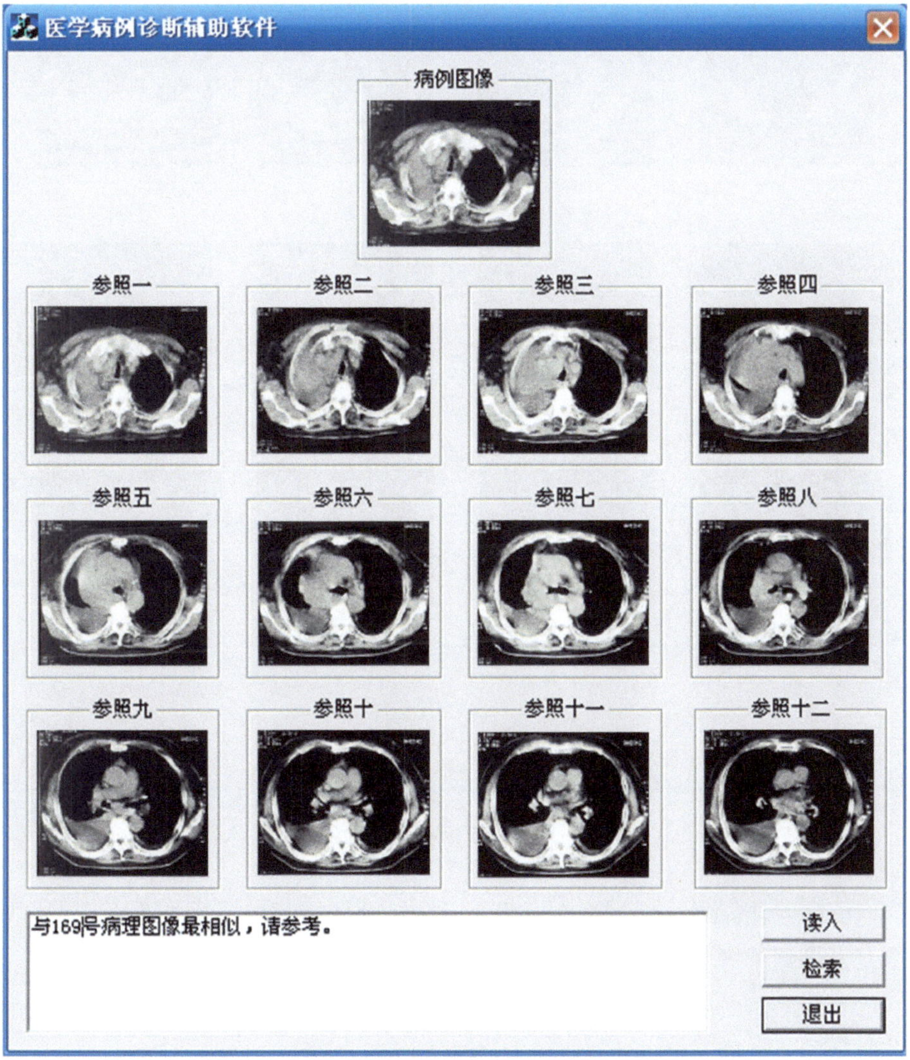

图 8-12　第二组检测实验结果

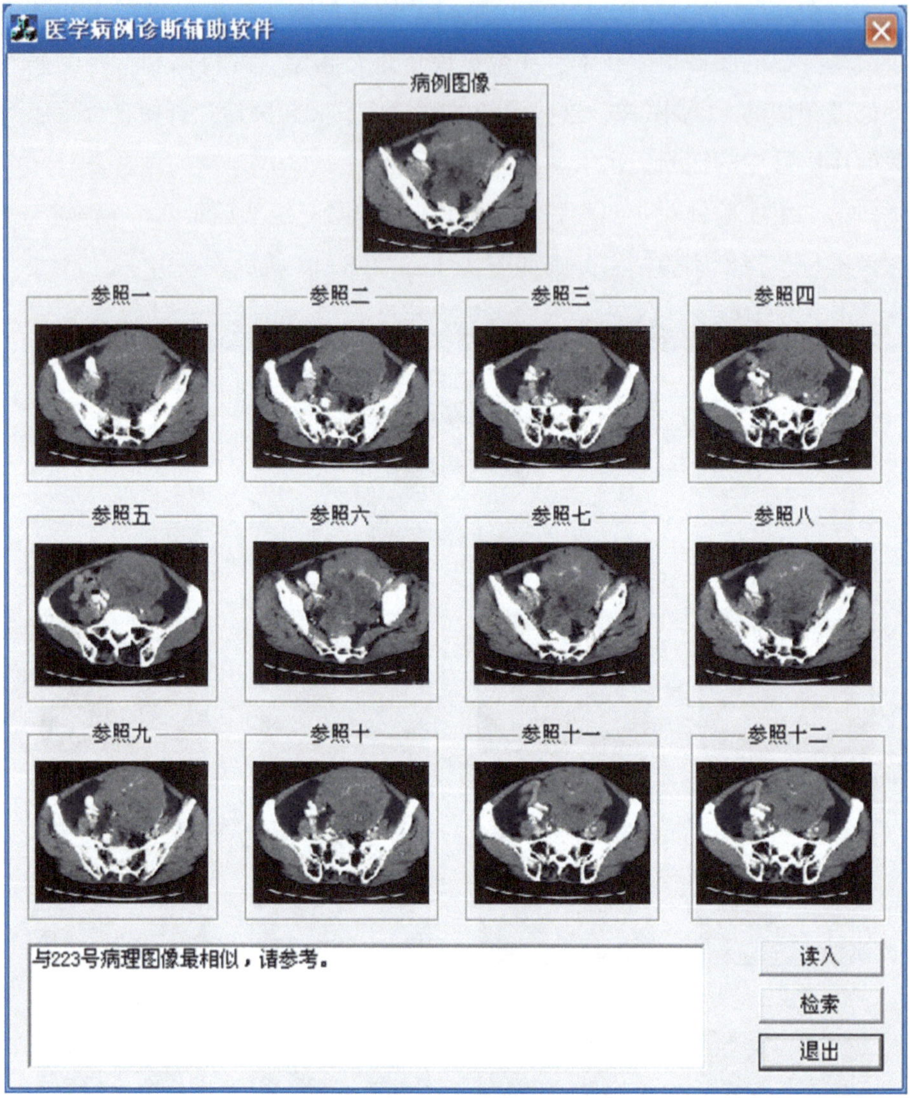

图 8-13　第三组检测实验结果

从图 8-12 和图 8-13 的结果可以看出，根据胸腔 CT 图像和盆腔 CT 图像，也得到了视觉信息上较为相似的系列检测结果。

上述三组实验的结果说明，图像检索技术可以应用于医学病例图像的辅助诊断，能够为医生的最后诊断提供可借鉴的信息。

8.8　本章小结

本章针对检测领域高可靠性、快速性的需求，提出了一种基于小波基特征的图像检索技术。此技术的核心价值在于，即便图像内容存在较大差异，小波基也可以自适应地表达出图像的特征，从而增强图像检索技术对不同图像的灵活性和可靠性。在技术的实现层面，用伽马函数进行参数矩的小波基特征计算；为了降低小波基特征的计算时间，进一步用泰勒级数展开的方法求取出近似小波基特征；最后，用两类小波基特征相似性测度融合出总体相似性测度。

根据自建图像数据库的检索实验结果表明，相比于基于颜色特征和边缘特征融合的图像检索技术，本章提出的基于小波基特征的图像检索技术查准率稍逊、查全率更高、检索时间接近。综合各项性能测试和联合评价结论，可以看出基于小波基特征的图像检索技术同时具备了高可靠性和快速性。进一步针对医学病例辅助诊断展开实验研究，证实了基于小波基特征的图像检索技术在医学领域中应用的可行性和有效性。

第9章　ESN多特征融合检索及其在商标分拣中的应用

9.1　引　言

针对检索领域的实际需求，在第7章中提出了一种基于颜色特征和边缘特征融合的图像检索技术，在第8章中提出了一种基于小波基特征的图像检索技术。基于颜色特征和边缘特征融合的图像检索技术具备准确性和快速性的特点，基于小波基特征的图像检索技术具备可靠性和快速性的特点。

本章将同时考虑查准率和查全率两项性能要求，构建一种能同时满足检测领域准确性和可靠性需求的图像检索技术。综合大量已有研究成果，不难发现：图像检索技术的查准率主要取决于特征提取是否准确而全面，图像检索技术的查全率主要取决于特征提取和相似性比较是否会根据图像内容的差异进行有针对性的调整，并且高查准率和高查全率的获得往往要以降低检索速度为代价。

不同类别图像的检索，对应的特征表达也会有很大不同。所以，多特征的使用是力求特征覆盖的全面性，进而增强检索结果的准确性和可靠性。对于大多数图像而言，综合颜色特征、纹理特征、形状特征基本可以实现对图像内容的准确表达，只不过有的图像颜色特征更丰富，有的图像纹理特征更丰富，有的图像形状特征更丰富。如果能够同时提取待检索图像和数据库图像的颜色特征、纹理特征、形状特征，并融合这三类特征的相似性测度构建总体相似性测度，对于提升检索结果的查准率具有重要意义。

但是有一个问题不得不考虑：不同图像的三类特征的重要程度并不一致，如果在总体相似性测度中固定三类特征相似性测度的权重，会大大降低图像检索技术对不同图像的适应性，进而降低检索结果的查全率。

基于以上考虑，确定多特征融合为本章图像检索技术的总体设计策略。自适应地调整各个特征相似性在总体相似性测度中的权重，是本章图像检索技术的第二个策略。为了实现自适应的权重设定，本章将采用回声状态网络（Echo State Network，ESN），根据待检索图像的特征字典对 ESN 进行训练。相比传统神经网络，ESN 的动态性能好，适于处理非线性问题。

在本章的最后，将对提出的基于 ESN 多特征融合的图像检索技术进行检索性能评价，并和其他检索方法进行比较。

9.2　基于 ESN 多特征融合的图像检索技术

对于绝大多数图像而言，颜色特征、纹理特征、形状特征基本上可以全面地反映其内容信息的表达。因此，在本章构建的基于 ESN 多特征融合的图像检索技术中，同时使用了颜色特征、纹理特征、形状特征。

9.2.1　颜色特征提取

在已有的图像检索技术中，颜色特征被广泛使用，如颜色直方图、颜色矩、相关颜色矩等。但这些颜色特征存在一个共性的问题，只对颜色信息本身进行了统计处理，忽视了颜色特征和像素位置的关联关系。

因此，在此处的颜色特征提取过程中，使用空间颜色直方图作为图像内容中颜色信息的表达。空间颜色直方图最大的优势在于，既反映了颜色特征本身，又反映了颜色特征和像素位置的空间关系。

如果用 I 表示一幅图像对应的变量，并且图像的尺寸为 $W \times H$，那么可以定义颜色直方图信息，如公式（9-1）所示。

$$C_I(\vartheta) = \{(m, n) \in I: I[m, n] = \vartheta\} \tag{9-1}$$

式中：(m, n) 表示图像的像素位置；$C_I(\vartheta)$ 表示已经归一化后的颜色直方图信息。

再定义与像素位置相关的两个空间变量，如公式（9-2）、公式（9-3）所示。

$$\beta_I(\vartheta) = (\overline{m}_\vartheta, \overline{n}_\vartheta)$$

$$\overline{m}_\vartheta = \frac{1}{H}\frac{1}{|C_I(\vartheta)|}\sum_{(m, n)\in C_I(\vartheta)} m \tag{9-2}$$

$$\overline{n}_\vartheta = \frac{1}{W}\frac{1}{|C_I(\vartheta)|}\sum_{(m, n)\in C_I(\vartheta)} n$$

$$\alpha_I(\vartheta) = \sqrt{\frac{1}{|C_I(\vartheta)|}\sum_{q\in C_I(\vartheta)} D(q, \beta_I(\vartheta))^2} \tag{9-3}$$

式中：$D(q, \beta_I(\vartheta))$ 表示了基于欧几里得的距离计算方法。

根据一个颜色变量 $C_I(\vartheta)$ 和两个空间变量 $\beta_I(\vartheta)$、$\alpha_I(\vartheta)$，可以最终形成图像颜色特征的空间颜色直方图向量表达，如公式（9-4）所示。

$$V_C = (C_I(\vartheta), \beta_I(\vartheta), \alpha_I(\vartheta)) \tag{9-4}$$

9.2.2 纹理特征提取

图像纹理特征的表达方法有很多，其中基于灰度共生矩阵的系列参数纹理特征是一种常见的表达。

基于灰度共生矩阵，可以提取出表达图像纹理信息的四类参数：能量、熵、对比度、相关性。

1. 能量

如果用 $p(g_i, g_j)$ 表示归一化后的灰度共生矩阵，图像纹理特征中的能量信息可以按照公式（9-5）计算。

$$T_E = \sum_{i=1}^{G} \sum_{j=1}^{G} p(g_i, g_j) \tag{9-5}$$

能量信息在很大程度上反映出图像纹理分布的均匀程度。如果 T_E 的数值较大，就说明图像纹理特征比较粗；如果 T_E 的数值较小，就说明图像纹理特征比较细。

2. 熵

基于归一化后的灰度共生矩阵，图像纹理特征的熵计算，如公式（9-6）所示。

$$T_H = \sum_{i=1}^{G} \sum_{j=1}^{G} p(g_i, g_j) \log p(g_i, g_j) \tag{9-6}$$

熵信息在很大程度上反映出图像中纹理特征的丰富程度。如果 T_H 较大，则表明图像的纹理特征比较丰富；如果 T_H 较小，则表明图像的纹理特征比较稀疏。

3. 对比度

基于归一化后的灰度共生矩阵，图像纹理特征的对比度计算，如公式（9-7）所示。

$$T_C = \sum_{i=1}^{G} \sum_{j=1}^{G} (i-j)^2 p(g_i, g_j) \tag{9-7}$$

对比度信息在很大程度上反映出图像中纹理特征的清晰程度。如果 T_C 较大，则表明图像的纹理特征比较清晰；如果 T_C 较小，则表明图像的纹理特征比较模糊。

4. 相关性

基于归一化后的灰度共生矩阵，图像纹理特征的相关性计算，如公式（9-8）所示。

$$T_R = \sum_{i=1}^{G} \sum_{j=1}^{G} \frac{ijp(g_i, g_j) - \mu_x \mu_y}{\sigma_x \sigma_y} \tag{9-8}$$

相关性信息在很大程度上反映出灰度共生矩阵行元素、列元素之间的相关程度。如果 T_R 的数值较大，则表明灰度共生矩阵行元素、列元素之间的相关程度较大；如果 T_R 的数值较小，则表明灰度共生矩阵行元素、列元素之间的相关程度较小。

μ_x、μ_y、σ_x、σ_y 分别代表灰度共生矩阵的均值和方差，其计算如公式（9-9）所示。

$$\begin{cases} \mu_x = \sum_{i=1}^{G} g_i \sum_{j=1}^{G} p(g_i, g_j) \\ \mu_y = \sum_{j=1}^{G} g_j \sum_{i=1}^{G} p(g_i, g_j) \\ \sigma_x^2 = \sum_{i=1}^{G} (g_i - \mu_x)^2 \sum_{j=1}^{G} p(g_i, g_j) \\ \sigma_y^2 = \sum_{j=1}^{G} (g_j - \mu_x)^2 \sum_{i=1}^{G} p(g_i, g_j) \end{cases} \tag{9-9}$$

综合能量、熵、对比度、相关性这 4 个参数，可以提取出图像的纹理特征向量，如公式（9-10）所示。

$$V_T = (T_E, T_H, T_C, T_R) \tag{9-10}$$

9.2.3 形状特征提取

从图像内容信息中直接提取的形状特征，会随着图像的缩放、扭曲而发生变化。因此，能够满足形状特征不变性的向量，更适宜作为图像检索时的相似性判别。

已经成功应用于图像检索的形状特征不变性向量有很多，如内角向量、梯度向量、Hu 矩向量、惯性矩向量、Harris 角点向量等。其中，Hu 矩向量可以实现图像形状特征的可靠描述，但计算复杂性较高。因此，本章中采用一种基于轮廓的 Hu 矩向量提取方法，以满足形状特征的表达。这种 Hu 矩向量提取方法，按照如下的步骤完成。

第一步，根据图像像素信息计算线性积分，如公式（9-11）所示。

$$\Re_{pq} = \int_C m^p n^q \mathrm{d}s \tag{9-11}$$

式中：C 表示图像中存在的曲线特征；(m, n) 表示 C 经过的像素，$\mathrm{d}s = \sqrt{(\mathrm{d}m)^2 + (\mathrm{d}n)^2}$ 表示微元；p、q 为非负整数，并且当 $p = q = 0$ 时，$\Re_{00}$ 反映了曲线 C 的长度。

第二步，计算曲线 C 的 $(p+q)$ 阶中心矩，如公式（9-12）所示。

$$\theta_{pq}=\iint_{C}(m-\overline{m})^{p}(n-\overline{n})^{q}\mathrm{d}s \tag{9-12}$$

式中：$\overline{m}=\dfrac{\Re_{10}}{\Re_{00}}$；$\overline{n}=\dfrac{\Re_{01}}{\Re_{00}}$。

第三步，计算图像形状的 7 个 Hu 矩分量，如公式（9-13）到公式（9-19）所示。

$$s_1=\theta_{20}+\theta_{02} \tag{9-13}$$

$$s_2=(\theta_{20}-\theta_{02})^2+4\theta_{11} \tag{9-14}$$

$$s_3=(\theta_{30}-3\theta_{12})^2+(3\theta_{12}-\theta_{03})^2 \tag{9-15}$$

$$s_4=(\theta_{30}+\theta_{12})^2+(\theta_{21}+\theta_{03})^2 \tag{9-16}$$

$$\begin{aligned}s_5=&(\theta_{30}-3\theta_{12})(\theta_{30}+\theta_{12})[(\theta_{30}+\theta_{12})^2-3(\theta_{21}+\theta_{03})]\\&+(3\theta_{12}-\theta_{21})(\theta_{21}+\theta_{03})[3(\theta_{30}+\theta_{12})^2-(\theta_{21}+\theta_{03})^2]\end{aligned} \tag{9-17}$$

$$\begin{aligned}s_6=&(\theta_{20}-\theta_{02})[(\theta_{30}+\theta_{12})^2-(\theta_{21}+\theta_{03})^2]\\&+4\theta_{11}(\theta_{30}+\theta_{12})(\theta_{21}+\theta_{03})\end{aligned} \tag{9-18}$$

$$\begin{aligned}s_7=&(3\theta_{21}-\theta_{03})(\theta_{30}+\theta_{12})[(\theta_{30}+\theta_{12})^2-(\theta_{21}+\theta_{03})^2]\\&-(\theta_{30}-3\theta_{12})(\theta_{21}+\theta_{03})[3(\theta_{30}+\theta_{12})^2-(\theta_{21}+\theta_{03})^2]\end{aligned} \tag{9-19}$$

将这 7 个 Hu 矩分量组合在一起，就构成了图像形状特征的表达向量，如公式（9-20）所示。

$$V_S=\{s_1,\ s_2,\ s_3,\ s_4,\ s_5,\ s_6,\ s_7\} \tag{9-20}$$

9.2.4　相似性测度计算

在基于 ESN 多特征融合的图像检索技术中，一共使用了颜色特征、纹理特征、形状特征这三类特征。因此，在相似性计算时，先分别计算颜色特征相似性测度、纹理特征相似性测度、形状特征相似性测度，再将这三个测度融合成整体相似性测度。

颜色特征的相似性测度计算如公式（9-21）所示。

$$S_C(q,\ D)=\|V_C^q-V_C^D\| \tag{9-21}$$

纹理特征的相似性测度计算如公式（9-22）所示。

$$S_T(q, D) = \| V_T^q - V_T^D \| \tag{9-22}$$

形状特征的相似性测度计算如公式（9-23）所示。

$$S_S(q, D) = \| V_S^q - V_S^D \| \tag{9-23}$$

有了这三个子测度，结合 ESN 训练得出的三个权重，可以获得检索方法的总体相似性测度，如公式（9-24）所示。

$$S = \omega_1 S_C(q, D) + \omega_2 S_T(q, D) + \omega_3 S_S(q, D) \tag{9-24}$$

9.3 检索性能评价实验

为了验证基于 ESN 多特征融合的图像检索技术的性能，进一步展开各项实验研究。

9.3.1 检索结果

实验中仍然使用和第 7 章相同的小型自建图像数据库，此数据库中含有 8 类图像，分别是花、鸟、鱼、虎、山、树、星、云，每类图像 100 幅，图像总数共计 800 幅。以一幅“树”图像为检索图像，检索结果如图 9-1 所示。

在图 9-1 中，第一行的单幅图像为待检索图像，第二、三、四行的图像为按照相似性程度排序得出的检索结果。

从这个检索结果可以看出：待检索图像的颜色信息鲜明；树的树冠部分大，覆盖了图像的大部分区域，形成了丰富的纹理特征信息；待检索图像的形状特征欠丰富，但树冠和背景之间、树干处的形状信息还是比较清晰的。

检索结果的第一幅图像为待检索图像本身，其余 5 幅检索出的图像也全部是“树”类图像。这一检索结果，充分证明了本章提出的基于 ESN 多特征融合图像检索技术的有效性。

图 9–1　“树”图像的检索结果

实验中，根据待检索图像构造出的颜色特征字典、纹理特征字典、形状特征字典，通过 ESN 进行训练，ESN 输出图像达到和待检索图像足够相

似时，输出 ω_1、ω_2、ω_3 这三个权重参数。这个相似性的判断，是根据公式（9-24）计算，每迭代一次，就计算 ESN 输出图像和待检索图像的相似性，并与预先设定的判断阈值 $\hat{S}$ 进行比较，当 $\frac{|S-\hat{S}|}{|\hat{S}|}<0.5\%$ 时，认为足够相似。

在这个过程中，给定 ESN 的参数配置如表 9-1 所示。

表 9-1　ESN 参数配置

参数	物理意义	取值
N	储备池规模	75
R	谱半径	0.7
D	稀疏程度	8%
ω_1	颜色特征字典缩放因子	0.333
ω_2	纹理特征字典缩放因子	0.333
ω_3	形状特征字典缩放因子	0.333

在表 9-1 中，将 ESN 的关键参数进行预先设定。ω_1、ω_2、ω_3 这三个参数，会随着迭代过程的进行而不断更新。对于“树”这幅待检索图像，ESN 输出结果与其最为相似时，ω_1、ω_2、ω_3 这三个参数更新为 0.423、0.462、0.115。

ESN 迭代的结果意味着，对于“树”图像而言，纹理特征最为重要，其权重达到了 0.462；颜色特征的影响次之，其权重达到了 0.423；形状特征的影响最小，其权重为 0.115。

ESN 迭代结束时，ω_1、ω_2、ω_3 三个参数的数值也是检索过程中整体相似性测度中颜色测度、纹理测度、形状测度的权重。

当然，对于不同的待检索图像，ESN 完成训练时，ω_1、ω_2、ω_3 三个参数的大小也会有所区别。这也表明，基于 ESN 多特征融合的图像检索技术，会为不同待检索图像设置三种特征在相似性测度中的占比，使得整个检索过程有较强的自适应能力。

9.3.2　性能评价

为了形成和本章提出的基于 ESN 多特征融合的图像检索技术的直观比较，选取第 7 章提出的基于颜色特征和边缘特征融合的图像检索技术和第 8 章提出的基于小波基特征的图像检索技术作为对比方法。对于第 7 章自建的数据库中的 8 类图像，分别执行这三种图像检索技术后，查准率对比曲线如图 9-2 所示。

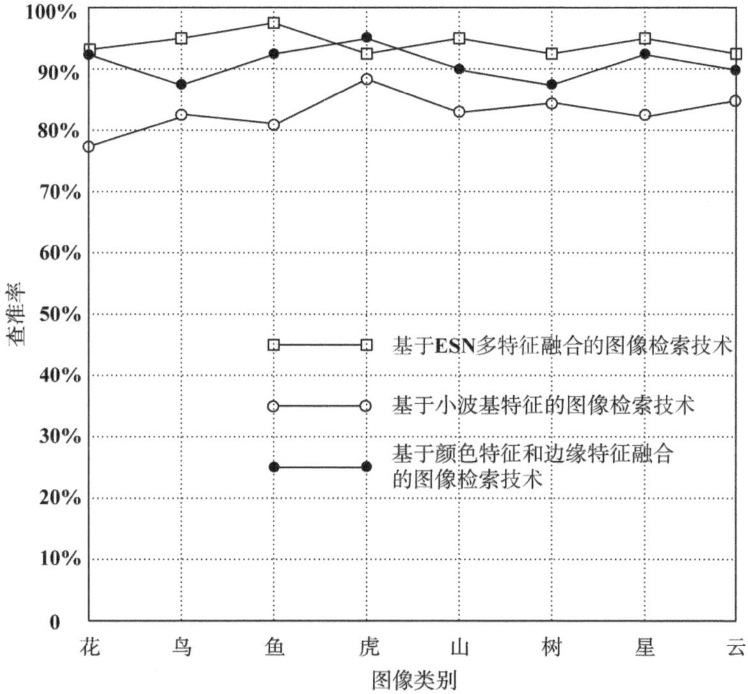

图 9-2　查准率对比曲线

从图 9-2 中的查准率对比结果可以看出：本章提出的基于 ESN 多特征的融合图像检索技术的查准率最高，第 7 章提出的基于颜色特征和边缘特征融合的图像检索技术查准率次之，第 8 章提出的基于小波基特征的图像检索技术查准率最低。

小波基特征是利用小波滤波器从图像内容中间接提取出的特征，再加上泰勒展开的近似化处理，使得基于小波基特征的图像检索技术查准率比其他两种图像检索技术要差些；基于ESN多特征融合的图像检索技术，同时使用了颜色特征、纹理特征、形状特征三类特征信息，并且都是根据图像内容直接提取的，特征信息最为丰富，故其查准率最高。

再来比较三种图像检索技术对数据库中全部8类图像的查全率对比曲线，如图9-3所示。

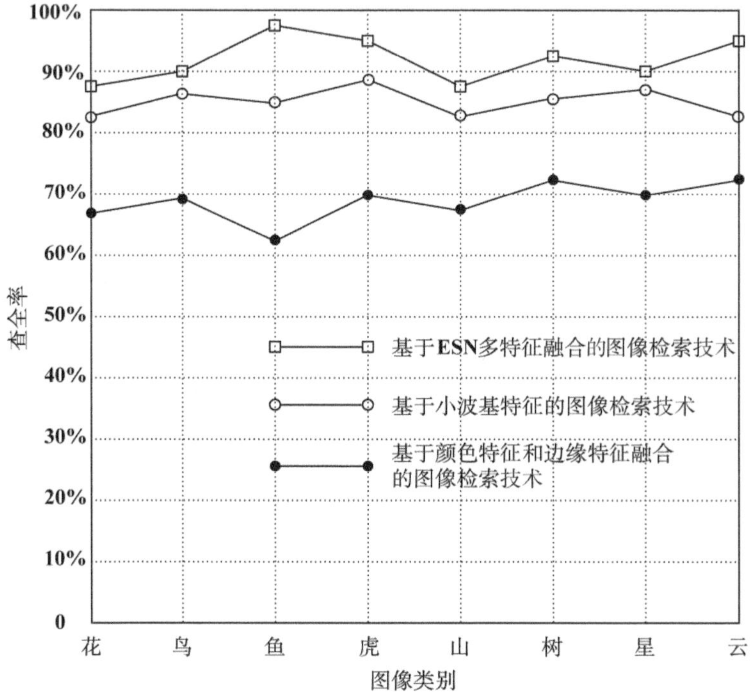

图9-3　查全率对比曲线

从图9-3中的比较结果可以看出，本章提出的基于ESN多特征融合的图像检索技术的查全率最高，第8章提出的基于小波基特征的图像检索技术查全率次之，第7章提出的基于颜色特征和边缘特征融合的图像检索技术查全率最低。

基于颜色特征和边缘特征融合的图像检索技术，不能根据待检索图像的变化调整特征提取方式，对于颜色特征和边缘特征不明显的图像可靠性会下降；基于小波基特征的图像检索技术，随着待检索图像内容的改变，求取的小波基特征也会随之改变，因此检索过程对不同图像都有一定的适应能力；

本章提出的基于 ESN 多特征融合的图像检索技术，同时使用了颜色、纹理、形状三种特征，基本覆盖了图像信息可能包含的特征类型，并根据 ESN 训练来判断这三类特征在图像中的权重，进一步提升了整个检索过程的自适应性和可靠性，故其查全率最高。

三种方法对数据库中全部 8 类图像的平均检索时间对比情况，如表 9-2 所示。

表 9-2　平均检索时间对比

	颜色特征和边缘特征融合	小波基特征	ESN 多特征融合
特征提取（秒）	0. 107	0. 184	0. 263
相似性检索（秒）	0. 252	0. 198	0. 584
总用时（秒）	0. 359	0. 382	0. 847

从表 9-2 的检索时间对比数据可以看出：第 7 章提出的基于颜色特征和边缘特征融合的图像检索技术、第 8 章提出的基于小波基特征的图像检索技术，两者的检索时间相差不多；本章提出的基于 ESN 多特征融合的图像检索技术的检索时间最长。

在特征提取阶段，基于 ESN 多特征融合的图像检索技术同时提取了颜色、纹理、形状三种特征，并且没有进行小波降维、简化处理等操作，故此特征提取时间最长；在相似性检索阶段，基于 ESN 多特征融合的图像检索技术除了相似性测度计算以外，在 ESN 训练获得三个子测度权重方面要花费更多的时间，故此相似性检索阶段耗时达到了 0. 584 秒。

综合上述三项性能评价，本章提出的基于 ESN 多特征融合的图像检索技术的查准率、查全率都比较理想，同时具备了精确性和可靠性的特点，但此方法的检索时间较长。

9.4 标准库检索实验

9.4.1 检索结果

为了进一步验证提出的基于 ESN 多特征融合的图像检索技术的性能，仍然以 Corel 标准库为实验对象展开实验研究。实验中，仍然以 Flower、Butterfly、Tree、Beach、Buildings、Buses、Horses、Mountains、Food、Coast 等 10 类图像为主要检索目标。

将一幅“Tree”图像，按照基于 ESN 多特征融合的图像检索技术，在 Corel 标准库中执行检索，检索结果如图 9-4 所示。

图 9-4 在 Corel 标准库中的检索结果

在图 9-4 中，上方的一幅图像为待检索图像，下方的 9 幅图像为检索结果。在 9 幅检索结果图像中，第一幅是待检索图像本身，其余也全部为 Tree 类图像。这说明本次检索结果的查准率为 100%。

9.4.2 与经典方法的比较结果

为了形成和本章提出的基于 ESN 多特征融合的图像检索技术的横向比对，选取文献［96］和文献［100］中两种经典的方法作为比对方法，三种方法针对 Corel 标准库中 10 类图像的查准率比较结果，如图 9-5 所示。

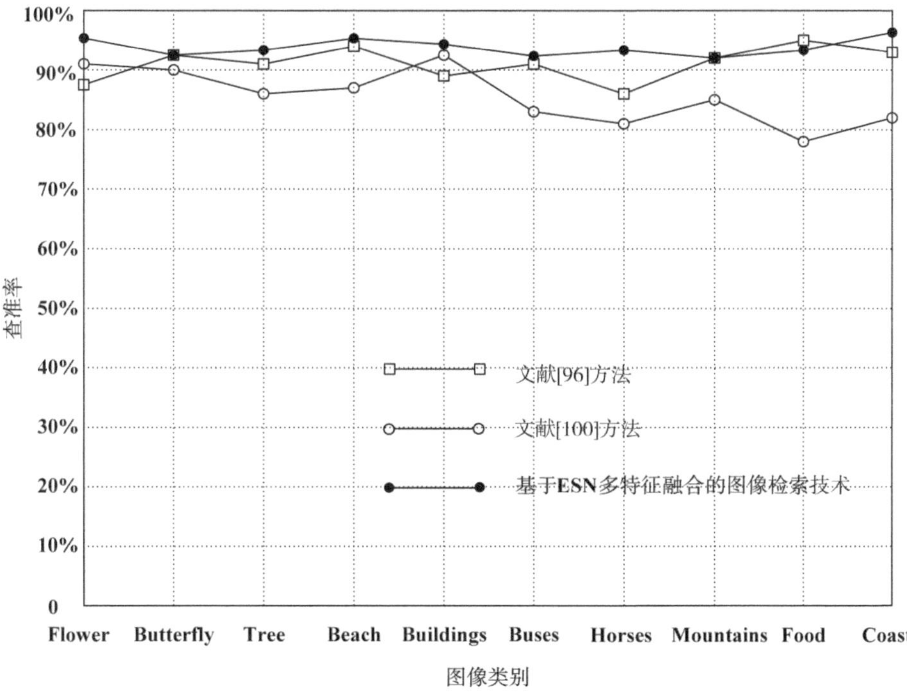

图 9-5 查准率对比

从图 9-5 中可以看出，对于同样的 Corel 标准库、同样的计算机，本章提出的基于 ESN 多特征融合的图像检索技术的查准率，要高于文献［96］方法的查准率和文献［100］方法的查准率。

进一步比较三种方法的查全率，比较结果如图 9-6 所示。

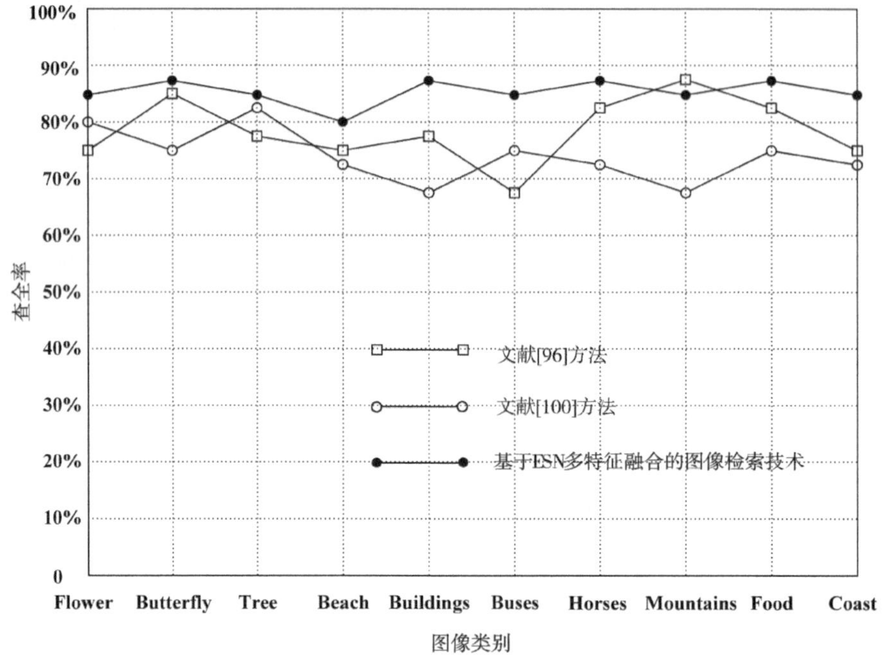

图 9-6 查全率对比

从图 9-6 中可以看出，对于同样的 Corel 标准库、同样的计算机，本章提出的基于 ESN 多特征融合的图像检索技术的查全率，要高于文献［96］方法的查全率和文献［100］方法的查全率。

综合比较查准率和查全率之比可知，本章提出的基于 ESN 多特征融合的图像检索技术总体性能要强于文献［96］和文献［100］中的经典方法。

9.5 商标图像分拣实验

9.5.1 实验背景

随着大型超市和网络购物的迅速兴起，仓储物流面临着日益严峻的货物分拣和归类压力。传统的人工分拣和归类方法，因工作效率低、出现差错的概率高，已经难以适应商业发展的需求。在这种情况下，如何提升货物的分拣和归类效率，成为人们关注的重要问题。

图像检索技术的出现，使得通过比对商标，进而完成货物的自动分拣成为可能。相同或相近的货物包装系统，其商标也在颜色特征、纹理特征、形状特征上存在一定程度的相似性，可以根据这些特征进行图像检索，从而实现自动分拣。

9.5.2　实验设置

此项实验在实验室环境下进行，本节所构建的商标分拣硬件系统如图 9-7 所示。

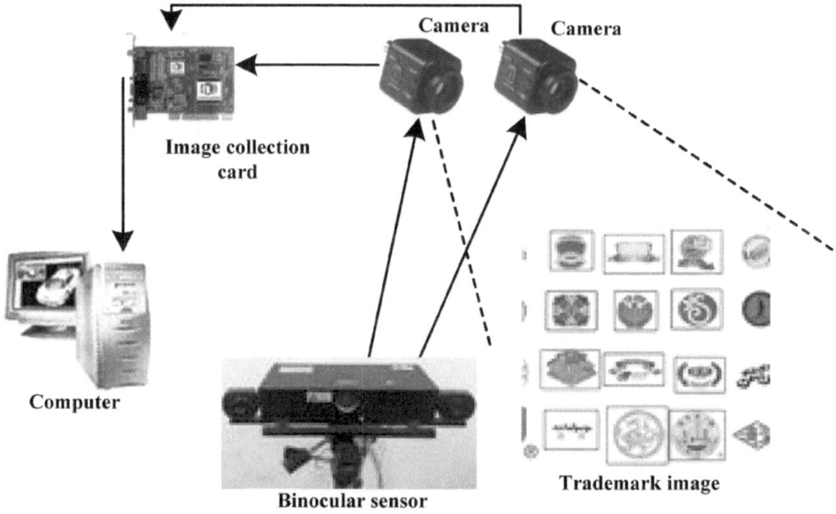

图 9-7　实验系统

如图 9-7 所示，实验系统中的核心传感器是一个双目视觉系统。在双目视觉系统中，左右相机可以调整位置以适应拍摄场景的需要。摄像机拍摄到视野区域中的商标图像，回传给主控计算机后，根据预先设置的分拣要求执行图像检索技术，最终得到分拣结果。

9.5.3　实验结果

实验中，选择一些商标图案粘贴在平面硬纸板上，将此硬纸板垂直于双摄像机的主光轴放置进行拍摄。左右两个摄像机视野内的商标图像分别如图 9-8 所示。

(a) 左摄像机拍摄到的图像

(b) 右摄像机拍摄到的图像

图 9-8　双目视觉系统拍摄到的商标图像

从图 9-8 的结果可以看出，受到摄像机拍摄视野的限制，左右两个摄像机只能拍摄到一部分完整的商标信息。在软件中根据预先设置的分割程序，选择出两个摄像机内的有效商标图像，如图 9-8 中的矩形框标记所示。执行和数据库图像的比对，来完成基于图像检索的分拣实验。

商标图像同时含有颜色特征、纹理特征、形状特征，因此选择基于 ESN 多特征融合的图像检索技术作为核心方法。

图 9-8 中的有效商标图像，将分别提取 3 个颜色特征向量、4 个纹理特征向量、7 个形状特征向量，以便和数据库中的商标图像形成比对，进而实现分拣。图像的特征向量值如表 9-3 所示。

表 9-3　图像的特征向量值

图像	特征向量值						
	$C_I(\vartheta)$	$\beta_I(\vartheta)$	$\alpha_I(\vartheta)$	T_E	T_H	T_C	T_R
	0. 0409	0. 0387	0. 0513	0. 0226	0. 0188	0. 0192	0. 0237
	s_1	s_2	s_3	s_4	s_5	s_6	s_7
	0. 0354	0. 0202	0. 0216	0. 0233	0. 0302	0. 0219	0. 0246
	$C_I(\vartheta)$	$\beta_I(\vartheta)$	$\alpha_I(\vartheta)$	T_E	T_H	T_C	T_R
	0. 0417	0. 0392	0. 0392	0. 0184	0. 0207	0. 0178	0. 0169
	s_1	s_2	s_3	s_4	s_5	s_6	s_7
	0. 0213	0. 0367	0. 0109	0. 0127	0. 0275	0. 0284	0. 0199
	$C_I(\vartheta)$	$\beta_I(\vartheta)$	$\alpha_I(\vartheta)$	T_E	T_H	T_C	T_R
	0. 0302	0. 0317	0. 0219	0. 0422	0. 0439	0. 0393	0. 0508
	s_1	s_2	s_3	s_4	s_5	s_6	s_7
	0. 0104	0. 0207	0. 0322	0. 0218	0. 0190	0. 0242	0. 0233
	$C_I(\vartheta)$	$\beta_I(\vartheta)$	$\alpha_I(\vartheta)$	T_E	T_H	T_C	T_R
	0. 0358	0. 0409	0. 0368	0. 0385	0. 0417	0. 0423	0. 0523
	s_1	s_2	s_3	s_4	s_5	s_6	s_7
	0. 0189	0. 0146	0. 0233	0. 0217	0. 0202	0. 0255	0. 0216

续表

图像	特征向量值						
	$C_I(\vartheta)$	$\beta_I(\vartheta)$	$\alpha_I(\vartheta)$	T_E	T_H	T_C	T_R
	0.0402	0.0315	0.0493	0.0222	0.0184	0.0175	0.0169
	s_1	s_2	s_3	s_4	s_5	s_6	s_7
	0.0301	0.0298	0.0254	0.0318	0.0323	0.279	0.0233
	$C_I(\vartheta)$	$\beta_I(\vartheta)$	$\alpha_I(\vartheta)$	T_E	T_H	T_C	T_R
	0.0388	0.0412	0.0545	0.0215	0.0102	0.0117	0.0163
	s_1	s_2	s_3	s_4	s_5	s_6	s_7
	0.0165	0.0173	0.0123	0.0144	0.0150	0.0142	0.0182
	$C_I(\vartheta)$	$\beta_I(\vartheta)$	$\alpha_I(\vartheta)$	T_E	T_H	T_C	T_R
	0.0526	0.0644	0.0397	0.0418	0.0527	0.0396	0.0444
	s_1	s_2	s_3	s_4	s_5	s_6	s_7
	0.0202	0.0186	0.0229	0.0213	0.0287	0.0255	0.0212
	$C_I(\vartheta)$	$\beta_I(\vartheta)$	$\alpha_I(\vartheta)$	T_E	T_H	T_C	T_R
	0.0297	0.0301	0.0254	0.0102	0.0143	0.0176	0.0188
	s_1	s_2	s_3	s_4	s_5	s_6	s_7
	0.0182	0.0176	0.0193	0.0204	0.0215	0.0192	0.0133
	$C_I(\vartheta)$	$\beta_I(\vartheta)$	$\alpha_I(\vartheta)$	T_E	T_H	T_C	T_R
	0.0182	0.0193	0.0145	0.0175	0.144	0.128	0.157
	s_1	s_2	s_3	s_4	s_5	s_6	s_7
	0.0201	0.0133	0.0127	0.0126	0.0132	0.0129	0.0125
	$C_I(\vartheta)$	$\beta_I(\vartheta)$	$\alpha_I(\vartheta)$	T_E	T_H	T_C	T_R
	0.0105	0.0124	0.0098	0.0053	0.0076	0.0021	0.0094
	s_1	s_2	s_3	s_4	s_5	s_6	s_7
	0.0100	0.0097	0.0065	0.0063	0.0026	0.0085	0.0017

续表

图像	特征向量值						
	$C_I(\vartheta)$	$\beta_I(\vartheta)$	$\alpha_I(\vartheta)$	T_E	T_H	T_C	T_R
	0.0163	0.0129	0.0188	0.0231	0.0302	0.0256	0.0245
	s_1	s_2	s_3	s_4	s_5	s_6	s_7
	0.0205	0.0198	0.0214	0.0238	0.0186	0.0192	0.0203
	$C_I(\vartheta)$	$\beta_I(\vartheta)$	$\alpha_I(\vartheta)$	T_E	T_H	T_C	T_R
	0.0503	0.0489	0.0517	0.0323	0.0306	0.0279	0.0534
	s_1	s_2	s_3	s_4	s_5	s_6	s_7
	0.0192	0.0165	0.0177	0.0201	0.0162	0.0183	0.0174
	$C_I(\vartheta)$	$\beta_I(\vartheta)$	$\alpha_I(\vartheta)$	T_E	T_H	T_C	T_R
	0.0488	0.0476	0.0503	0.0431	0.0397	0.0296	0.0355
	s_1	s_2	s_3	s_4	s_5	s_6	s_7
	0.0282	0.0219	0.0284	0.0192	0.0235	0.0183	0.0192
	$C_I(\vartheta)$	$\beta_I(\vartheta)$	$\alpha_I(\vartheta)$	T_E	T_H	T_C	T_R
	0.0281	0.0277	0.0319	0.0454	0.0279	0.0321	0.0308
	s_1	s_2	s_3	s_4	s_5	s_6	s_7
	0.0182	0.0194	0.0201	0.0176	0.0183	0.0121	0.0175
	$C_I(\vartheta)$	$\beta_I(\vartheta)$	$\alpha_I(\vartheta)$	T_E	T_H	T_C	T_R
	0.0124	0.0153	0.0103	0.0188	0.0169	0.0170	0.0144
	s_1	s_2	s_3	s_4	s_5	s_6	s_7
	0.0358	0.0245	0.0327	0.0316	0.0355	0.0284	0.0285
	$C_I(\vartheta)$	$\beta_I(\vartheta)$	$\alpha_I(\vartheta)$	T_E	T_H	T_C	T_R
	0.0186	0.0190	0.0174	0.0126	0.0131	0.0154	0.0189
	s_1	s_2	s_3	s_4	s_5	s_6	s_7
	0.0193	0.0201	0.0185	0.0176	0.0227	0.0301	0.0743

商标分拣的视觉识别平台界面如图 9-9 所示。

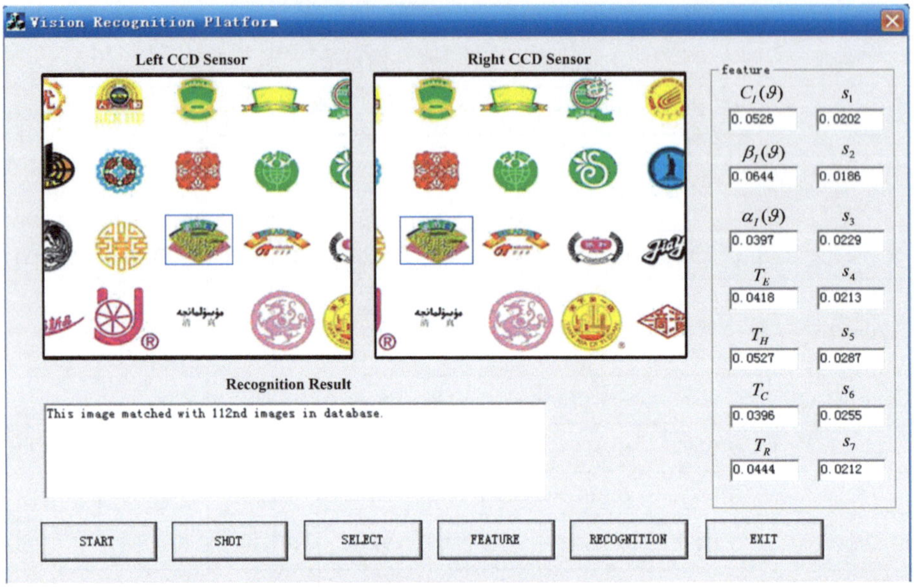

图 9-9　商标分拣的视觉识别平台界面

这个平台的左上区域，是双目视觉传感器的显示区；这个平台的左中区域，是分拣结论的显示区，可以得到当前图像和数据库图像匹配，即可知当前图像的分类与分拣方向；这个平台的左下区域，是功能按钮显示区；这个平台的右侧区域，是当前图像的特征向量数值显示区。

为了验证本章提出的基于 ESN 多特征融合图像检索技术的有效性，采取三种基于单一特征的图像检索技术作为比对方法，分别是基于颜色特征的图像检索技术、基于纹理特征的图像检索技术、基于形状特征的图像检索技术。

将上述四种技术分别针对上述商标图像进行识别分拣实验，分拣准确率比对结果如表 9-4 所示。

从表 9-4 中的数据识别可以看出，随着要识别图像的数量不断增加，ESN 多特征融合技术的识别准确率的优势就体现出来了。当要识别的商标个数为 16 时，多特征融合识别技术的识别准确率依然达到 87.5%。相比较而言，其他三种方法的识别准确率分别为 81.3%、75%、56.3%。

进一步比较四种方法的执行时间，如图 9-10 所示。

从图 9-10 中的曲线比较可知，基于 ESN 多特征融合的图像检索技术的用时高于其他三种技术，这是因为同时使用了三种特征的原因。但是随着识别图像幅数的增加，多特征融合技术的用时不断下降。这说明，基于 ESN 多特征融合的图像检索技术在多幅图像识别时，时间上的劣势会逐渐降低。

表 9-4　识别分拣准确率比对结果

	颜色识别	纹理识别	形状识别	融合识别
识别 1 幅图像	100%	100%	100%	100%
识别 2 幅图像	100%	100%	100%	100%
识别 4 幅图像	100%	100%	75%	100%
识别 8 幅图像	87.5%	87.5%	50%	100%
识别 10 幅图像	90%	80%	60%	100%
识别 12 幅图像	83.3%	75%	58.3%	91.7%
识别 14 幅图像	78.5%	71.4%	57.1%	92.8%
识别 16 幅图像	81.3%	75%	56.3%	87.5%

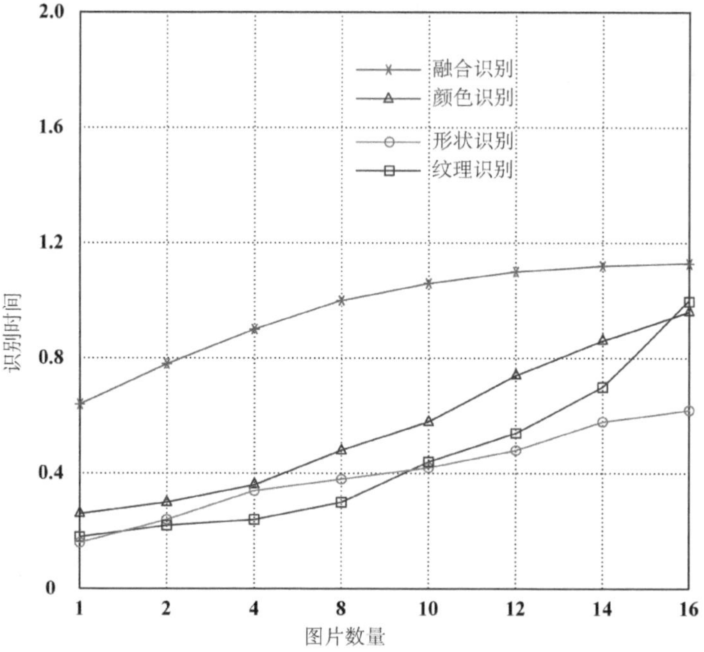

图 9-10　四种方法的执行时间

上述实验不仅再次验证了本章提出的基于ESN多特征融合的图像检索技术的有效性，也证实了图像检索技术在商标分拣领域应用的可行性。

9.6 本章小结

本章针对检测领域高精确性、可靠性的需求，提出了一种基于ESN多特征融合的图像检索技术。此技术提取了待检索图像和数据库图像的颜色特征、纹理特征、形状特征，增强对图像内容信息表达的全面性；同时，采用ESN训练待检索图像获得三个子测度的融合权重，提升检索过程的可靠性。

根据自建图像数据库的检索实验结果表明，相比基于颜色特征和边缘特征融合的图像检索技术和基于小波基特征的图像检索技术，本章方法查准率、查全率更高，同时具备了精确性和可靠性的特点。进一步针对商标图像分拣展开实验研究，证实了基于ESN多特征融合的图像检索技术在商品包装分拣领域中应用的可行性和有效性。

第 10 章　图像检索技术中的其他多特征融合策略

10.1　引　言

在基于内容的图像检索技术中，基础视觉特征无论是颜色特征还是纹理特征等信息，都不能完整地概括出图像所要表达的内容。例如，颜色直方图虽然具有平移旋转不变等优点，但它也只是统计了图像的灰度特征，不能描述空间位置，并且光照也会对提取图像有一定作用，因此图像检索的结果有可能会出现错误。因此，采用单一特征对图像进行检索，不能确保检索过程的准确性，也不能包含图像中的所有特征。图像中包含各种各样的特征，缺少任何一部分的特征，在图像检索的过程中都可能会出现检索不准确。因此，需要全面调用颜色特征、纹理特征、形状特征等特征来进行全方位的特征检索，这就是需要开展多特征融合检索的原因所在。

在前面的融合策略中，选用了 ESN 多特征融合策略。在本章的研究工作中，作为补充内容再分别介绍两种融合策略，一种是基于 D-S 证据理论的多特征融合策略，另一种是基于 SVM 支持向量机的多特征融合策略。

10.2 基于 D-S 证据理论的多特征融合图像检索

10.2.1 颜色特征提取

在图像检索中，颜色作为实用的底层特征得到了人们普遍认可，它成为应用最普遍的视觉特征。在背景相对多样的图像中，颜色特征并不因图像尺寸和方向变化而产生影响，体现了超强的鲁棒性。在多数图像中，颜色特征是反映这幅图像与其他图像是否相似的最直接特征。例如，示例图像是一片森林时，它的主要颜色特征是绿色，次要颜色特征是土地的黄色，确定二者比例，就可按此颜色比例查找相似的图像，这时如果使用纹理特征或形状特征等特征，检索效率反而很低，所以颜色特征是日常生活中最普遍使用的特征。

1. 颜色直方图

颜色直方图是一个对于旋转和尺度变化都不受影响的特征，并且非常符合人类的视觉特征，方便统计计算，诸多优点使得它在基于内容的图像检索技术中被人们大加应用。并且对图像中的对象并不关注，这些特性让它适合用于反映图像中大致信息的情况，通过颜色直方图即可得知两幅图像的相似程度。它的缺点也很明显，就是只反映了整幅图像的颜色特征分布比例，并不注重图像中颜色的空间位置分布信息描述。

在图像检索中，RGB 颜色空间模型是人们普遍采用的，可以在 RGB 颜色空间直接提取图像的颜色特征，但 RGB 颜色空间往往同人眼的视觉感知相差很大，即相同差异的两种颜色视觉感知可能会完全不同。而在 HSV 颜色空间模型下，H 分量所对颜色的表示方法最符合人类视觉感知，最容易辨别。同时，H（色调）、S（饱和度）、V（亮度）分量各自独立，分别从视觉的不同方面描述，这样方便将三维分量利用权值设定转换到一维上展开相似性度量。

2. 颜色矩

颜色矩也是常用的颜色特征提取方法，根据每一幅图像都可以使用不变矩来描述其颜色分布特征，采用了不变矩表示图像的颜色特征。后来研究学者得出了颜色矩的索引方法，发现能够代表颜色的信息主要集中在低阶矩中。它的实现方法是先得出图像的颜色直方图，计算示例图像中像素的个数，然后在各颜色分量上计算其一阶矩、二阶矩和三阶矩，其中一阶矩表示平均强度值，二阶矩表示方差值，三阶矩表示偏斜度。

根据理论研究得知，颜色信息大部分集中在低阶矩，所以只要采用前三阶矩就能够很好地表达颜色特征。每种颜色有 R、G 和 B 三个分量，每个分量能够得到三个低阶矩，这样总计有 9 个分量值。同时颜色矩有和颜色直方图相同的特性，具有旋转、平移和缩放等不变性，并且计算表达简单，得到了普遍应用。只是单一使用颜色矩特征的图像检索过于简单，所以常结合其他颜色特征一起使用，以提高检索准确率。

3. 颜色自相关图

前面提到的两种颜色特征都是没有考虑到颜色的空间位置信息，更没有考虑到检索图像中像素间的关系。如图 10-1 所示的两幅图像，如果我们利用颜色直方图来提取颜色特征，得到的颜色直方图完全相同，但是事实上两幅图像代表的信息对象根本不同，给人们带来的认知也完全不同，于是学者开始寻找一种能够表达颜色的空间位置和像素间关系的颜色特征。

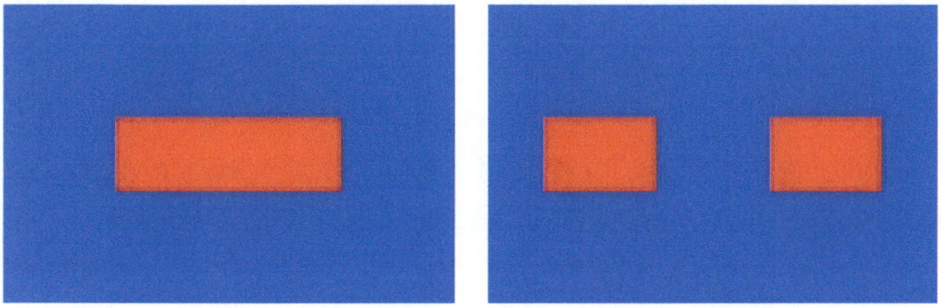

图 10-1　图像的颜色自相关图

颜色相关图就是这样一种颜色特征表示方法，它不仅反映了颜色的空间位置关系，还刻画了各个像素间的关系，在图像中所占的显示比例，反映了图像所要表达的对象，克服了颜色直方图和颜色矩的缺陷，用到了颜色之间的量化距离获取直方图，充分结合颜色和空间位置。实验结果表明，颜色相关图比前面两种颜色特征提取方法具有更高的检索效率，特别是在需要采用颜色特征查询空间位置关系明显的图像得以体现它的优点。

假如我们检索所有颜色分类之间的相关性，颜色相关图将会计算非常烦琐冗余，并且不是所有的相关性对我们都有价值，所以我们只保留相同颜色的相关性，这样得到的就是颜色自相关图。因此，空间复杂度大大降低，并且能够满足我们的检索需求。

基于文本的图像检索技术是根据描述图像的关键字精确匹配来判断图像是否相似，而基于内容的图像检索技术则是根据示例图像和数据库中图像之间的相似距离来判断是否相似。特征向量的相似距离度量方法是检索过程的一个关键环节，根据所选图像特征提取方法确定相似性度量方法对检索结果的影响至关重要。

直方图相交法针对一些合成的图像如交通标志图像、商标图案等，这类图像的颜色分布相似，颜色直方图中也只在个别区间的值较高，大部分区间的颜色信息并不明显，在处理这类图像时计算效率较低，特别在处理以灰度图像为主的医学图像时完全失效。而欧氏距离因为同参考系统的旋转不变量密切相关，并且相对来说便于计算，目前受到普遍应用。相对于其他相似性度量方法具有更好的检索性能。

HSV 颜色空间下的直方图图像检索技术的优点是不受图像旋转、平移或尺寸改变的影响，并且计算简单，检索效率高，更符合人类的视觉特征，缺点就是直方图提取特征忽略了颜色空间信息的重要性。这可能会导致不同的图像拥有一样的颜色信息，会得到相同的直方图，而空间位置信息并不相同，这就需要我们在提取颜色特征时必须考虑图像的颜色信息和空间位置关系。另外，我们采用欧式距离计算的特征向量物理意义和权值范围不同时，需要对其进行归一化。

10.2.2 纹理特征提取

迄今为止，关于纹理特征的概念还没有一个公认的描述，我们可以把纹理特征看作人类对物体表面的触感、图像中局部的不规则性、宏观的规律性等，如布匹、水波、建材等类型的图像就是对纹理特征的一种体现。纹理特征是不同于颜色特征和形状特征的底层视觉特征，在图像检索中得到了广泛的应用。接下来简单描述现阶段纹理特征用于图像检索中的主要特征提取方法。

1. 灰度共生矩阵

20 世纪 70 年代，一种新的纹理特征提取方法被建立，即提取图像的灰度共生矩阵。这一方法通过图像中像素之间的空间位置来表示纹理特征，也从数学上说明了纹理的方向距离特征，是目前比较常见的纹理特征提取方法。

灰度共生矩阵反映图像的空间位置主要是根据亮度的分布特征，即相同或近似亮度的分布特点，通过计算两个距离的灰度像素在图像中同时出现的联合概率分布，来表征图像亮度的二阶统计特征，它是一种表示纹理特征的方法。在实际应用时，计算纹理特征只选择四个固定位置，即相当于图像的纹理特征是取 0°、45°、90° 和 135° 四个方向上的共生矩阵来代表，简化计算，提高效率。

在灰度共生矩阵的基础上，我们能够定义一些数学统计量来描述纹理特征向量，如纹理二阶矩、熵、对比度和均匀性等，更直观地表示纹理信息，有利于检索。对比度（主对角线的惯性矩），可以看作对纹理的清晰度描述，其大小反映图像的灰度分布情况。若是对比度越大，表明图像像素间的灰度差别越大，给人们的视觉感受也更好，则图像对应细纹理。熵，表明了图像包含的信息量，代表了图像整体区域内灰度变化的复杂程度。熵值越大，表示图像的灰度变化越是无规则。能量（角二阶矩），表示了图像灰度分布均匀性，图像灰度分布越均匀，代表其能量值也越大。相关量，是用来描述矩阵中行或列元素之间相似程度的，体现了图像的灰度线性关系。

灰度共生矩阵同其他纹理特征提取方法相比较，在进行图像处理时具有很强的抗干扰能力，且各分量很好地表征了纹理特征，使其得到了广泛的应用，不足之处是不符合人类的视觉特征。

2. Tamura 纹理特征

日本学者 Tamura 基于人类对纹理的视觉感知的心理学的研究，提出了一组较好地符合人类视觉感知的纹理特征，包括粗糙度（coarseness）、对比度（contrast）、方向性（directionality）、线性度（line likeness）、规整度（regularity）和粗略度（roughness）。利用 Tamura 纹理特征可以创建友好用户界面的检索系统。前三个特征得到了普遍的使用，下面对它们作简单介绍。

粗糙度，反映纹理中图像粒度的一个度量值，是最基本的纹理特征。对于两个结构相同、尺度有差别的纹理，尺度大的纹理更为粗糙；对于结构不同的纹理，纹理基元越大或者纹理基元重复的次数越少，纹理就越粗糙。粗糙度可以由不同大小窗口的像素的滑动均值得到。整幅图的粗糙度尽管能够在某种程度上反映纹理的粒度特征，但是有着计算烦琐和度量不精准等缺点，对其改进应着重于基于区域的统计或多分辨率分析方法。

对比度，是通过图像像素灰度的分布情况进行计算，得到的示例图像的像素亮度特征。对比度是对一幅图像的全局计算分析。

方向性，与纹理基元的形状以及如何将这些纹理基元排列的规则有关，描述纹理是如何沿某些方向散布或集中的，是对图像纹理的一种全局性描述。一般来说，它是根据图像像素间的梯度向量求得。先对图像所有像素求解梯度向量，再对相位角进行量化处理，通过对每个角度计算，求出所有超过预置幅值的像素个数。假如示例图像的像素有明显的水平或垂直分布特征，那么得到的角度直方图会出现尖峰，反之纹理特征不明的图像则显得相对平缓。基于此得出，纹理特征的方向性可以通过直方图的平滑度来判定。

Tamura 提出的纹理特征，区别于灰度共生矩阵的最大不同在于这一特征是人类视觉可以感知的，这一特性不管是在纹理特征还是颜色特征表示时都是非常重要的，这也使得 Tamura 纹理得到了更为广泛的使用，特别适合用于辨别细致的纹理。

10.2.3　D-S 证据理论

图像根据其类型的不同和包含信息特征的差异，选择不同检索方法得到的检索效果会存在很大差别，例如，一幅图像的颜色特征非常明显而纹理特征不明显，这时如果采用颜色特征进行检索，得到的效果肯定要好于选择纹理特征进行检索；反之也是如此，纹理特征明显而颜色特征不明显的图像就应该选择纹理特征进行检索。如果使用单一的颜色直方图提取特征进行相似性度量，可能会判断为两幅相近的图像，给出错误检索结果。当一幅图像的颜色特征和纹理特征都不是很明显时，我们需要寻找新的检索方法。

为了能够适合各种类型的图像，充分利用图像所包含的各类信息，满足用户的不同需求，克服单一特征或者两种特征都不是很明显的情况，这时我们采用多种特征融合进行图像检索，这样可以使两个不相似的图像被误检的概率降到最低，很好地改善了单一特征的缺陷。同时，用户还能够根据检索的需要和各特征不同的重要性，灵活分配融合中颜色特征和纹理特征的权重，达到最佳检索效果。

多特征融合的图像检索基本过程如下：首先对示例图像进行单一特征的图像检索，得到全部单一特征的相似性度量结果，再根据选定的融合算法把单一特征的相似性度量结果融合，最后根据融合后新得到的相似度度量结果，按照要求输出图像库中相似性最大的前 N 幅图像即为检索结果。

以往的图像检索实验结果是根据新产生的相似距离值输出的，这个新的距离值 D 等于颜色距离和纹理距离分别乘以它们的权值之和，并且 w_0 和 w_1 满足：$w_0+w_1=1$。由此可见，这个权值的选定是影响检索结果好坏的重要因素，但在实际检索时，权值的选定通常是人们根据自己的主观经验或对图像视觉上的认知随意选定，这就会产生不可避免的误差，存在诸多缺点，使颜色特征和纹理特征融合检索方法的优势得不到充分发挥。

因此，本节引入了 D-S 证据理论，D-S 证据理论在多源信息数据融合领域取得了广泛应用。证据推理特别适用于无先验信息的融合，它以其在不确定性的表示、测量和组合等方面的优势得到了广泛的重视，并且可以非常好地说明“不确定性”“无知”等重要定义。本章中将首先选用有效方法确定每幅图像颜色特征和纹理特征不同的权重，然后运用 D-S 证据理论合并法则将颜色特征和纹理特征融合运用于多类别图像的检索中，实现 D-S 多特征融合策略的图像检索，设计实验系统，并对不同类别图像的检索结果进行比较总结。基于 D-S 证据理论的图像检索技术流程如图 10-2 所示。

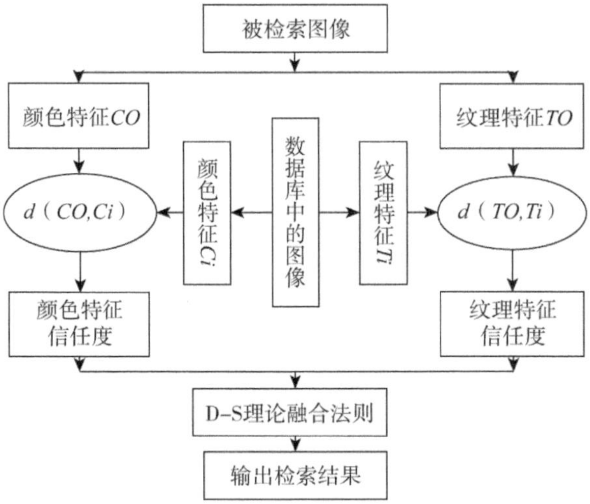

图 10-2　基于 D-S 证据理论的图像检索技术流程

多特征融合图像检索的优点主要是：检索时可以让两种特征起到互补的效果，颜色特征中大部分不能反映图像的空间信息，能反映的又计算复杂，而纹理是一种区域特征，包含了图像的重要空间位置信息，将颜色特征和纹理特征融合就能发挥出各自的优势，同时避免了单一特征图像检索的片面性，很好地提高了检索的灵活性和准确性。

数据融合在很多不同领域得到了广泛实践，是研究的核心问题之一。数据融合技术的关键问题是怎样进行融合，从融合级别上来说，它可以大致分成像素级融合、特征级融合以及决策级融合。像素级融合主要的融合方法包括加权平均方法、整理统计方法、选举决策方法以及卡尔曼滤波方法等。特征级融合的融合方法包括卡尔曼滤波方法、模糊推理方法、神经网络方法以及产生式规则方法等。决策级融合可以通过贝叶斯概率推理法、Dempster-Shafer 证据推理法等来进行进一步数据融合。

在数据融合技术中，误差产生的原因包含多个方面。D-S 证据理论为解决不确定、不精确和不完善信息问题领域作出了很大贡献，开拓出了新的思路。该理论能够以集合的观点论述证据中的交、并、不和包含等问题，在实际应用中作用很大，在人工智能、检测诊断、目标识别等方面得到了广泛的应用。

从数学的观点来看，D-S 证据理论可以看成概率论的一种推广形式，D-S 证据理论中定义了两个函数：信任函数和概率分配函数。

如果有多个证据体情况，使用 D-S 证据理论法则合并证据时，要同时把以下条件列入考虑范围中。

第一，只有全部元素都互相独立，才能够达到进行正交和的运算。而当实际情况不能满足时，我们就必须采用一定的方法使其满足独立条件。

第二，所有的信任函数都必须处于相同的辨别框内。

第三，利用所有证据体去进行判断操作，确保获得最受信任的概率结果。

第四，正交和的方法具有可交换性，合并次序对结果不产生影响。

第五，数值表征着证据间数据的矛盾程度，它的数值越大，表示矛盾程度越大。

10.2.4　D-S 多特征融合步骤

用基于内容的图像检索系统查询一幅图像，选择颜色特征查询时它就可以自发地同图像库中每幅图像进行颜色特征匹配输出一个按相似程度排序的结果，选择纹理特征作为查询条件时也可以同图像库中每幅图像按纹理特征匹配有一个结果输出，而当我们应用 D-S 证据理论后，我们会得到一个融合颜色特征、纹理特征和形状特征的匹配结果。D-S 多特征融合提取的五种特征的图像检索实现方法步骤为以下六步。

第一步，分别用颜色直方图和颜色相关图来提取查询图像的颜色特征；用 Tamura 纹理和灰度共生矩阵来提取查询图像的纹理特征；用 Hu 矩来提取查询图像的形状特征。最终得到一个多维的向量来表示查询图像的特征向量。

第二步，分别利用前文介绍的欧氏距离去计算查询图像 Q 与图像库中的第 1 幅图像颜色特征的相似距离，查询图像 Q 与图像库中的第 1 幅图像纹理特征的相似距离，以及查询图像 Q 与图像库中的第 1 幅图像形状特征的相似距离，返回 10 幅最相似的图像，并计算单一特征检索方法的查准率。

第三步，利用颜色特征的相似距离确定每幅图像的颜色信任度，根据纹理特征的相似距离确定每幅图像的纹理信任度，根据形状特征的相似距离来确定形状特征的信任度。

第四步，由于纹理特征、颜色特征和形状特征的特征向量中每个向量元都代表着不同的物理意义，先要进行特征向量归一化处理，然后再进行正交计算。

第五步，每幅图像五种特征的信任度都分别乘以它们的权值，再计算每幅图像的总信任度。

第六步，根据返回的图像的准确率，并去掉单一特征查准率最低的特征，重新按公式计算每幅图像的总信任度，并返回用户所要求的最相似的 10 幅图像。

10.2.5 实验结果与分析

融合实验时，只返回前 10 幅最相似图像作为检索实验结果输出。计算 10 幅图像的检索查准率作为融合策略的图像检索的性能评定准则。通过和前面使用单一颜色特征、形状特征或纹理特征的实验结果进行比较分析，证明基于 D-S 融合策略的图像检索技术的准确度和优越性。D-S 证据理论信任度计算示例和检索结果如下：

第一，选取土著类图像作为示例图像 Q 进行查询，在这 100 幅图像中选取 3 幅相关图像（命名为 1、2、3），如图 10-3 所示。用实例图像与 3 幅图像的五种特征的相似距离作为信任度，计算实例图像与 3 幅图像总的信任度。

第二，选取恐龙类 3 幅图像（命名为 1、2、3），如图 10-4 所示。用实例图像与 3 幅图像的五种特征的相似距离作为信任度，计算实例图像与 3 幅图像总的信任度。

第三，选取土著类图像作为查询图像进行查询，图像库中与示例图像相关的图像有 100 幅。采用本节基于 D-S 证据理论的五种特征融合的图像检索技术得到查准率为 0.30，去掉单一特征查准率最低的 Hu 矩，剩余四种特征进行 D-S 融合检索的查准率为 0.60。图 10-5 是五种特征 D-S 融合的土著类图像检索，图 10-6 是改进后的 D-S 融合的土著类图像检索。

(a) 查询图像

(b) 第 1 幅检索图像

(c) 第 2 幅检索图像

(d) 第 3 幅检索图像

图 10-3 基于 D-S 证据理论的图像检索结果一

（a）查询图像

（b）第 1 幅检索图像

（c）第 2 幅检索图像

（d）第 3 幅检索图像

图 10-4　基于 D-S 证据理论的图像检索结果二

（a）查询图像

（b）第 1 幅检索图像

（c）第 2 幅检索图像

（d）第 3 幅检索图像

（e）第 4 幅检索图像

（f）第 5 幅检索图像

（g）第 6 幅检索图像

（h）第 7 幅检索图像

（i）第 8 幅检索图像

（j）第 9 幅检索图像

图 10-5 基于 D-S 证据理论的图像检索结果三

（a）查询图像

（b）第 1 幅检索图像

（c）第 2 幅检索图像

（d）第 3 幅检索图像

（e）第 4 幅检索图像

（f）第 5 幅检索图像

（g）第 6 幅检索图像

（h）第 7 幅检索图像

（i）第 8 幅检索图像

（j）第 9 幅检索图像

图 10-6　基于 D-S 证据理论的图像检索结果四

针对本节中的所有图像检索实验，查准率是我们评价图像检索技术优劣的唯一标准。基于 D-S 多特征融合的图像检索技术对不同特征类型的图像都有较高的准确度，同时，通过去掉对这一类别优先级最低的特征，更加准确形象地说明了多特征融合技术用于图像检索的优越性，有效克服了单一颜色特征图像检索的不足。

10.3　基于 SVM 支持向量机的多特征融合图像检索

现在基于语义的图像检索由于技术的需求也被更多的人关注，新的方法和改进方法陆续被研发出来，最终目的是要克服图像的底层视觉特征和高层语义特征之间的“语义鸿沟”，本节对基于 SVM 语义分类的多特征检索方法做初步研究。

10.3.1 SVM 基本理论

支持向量机（SVM）是统计学习理论（STL）的一种。STL 不仅对其渐进性能有一定的要求，而且对其现有的有限信息如何得到最优有一定的要求。1962 年，出现了第一个学习机模型，该模型的出现在某种意义上标志着 STL 的开始。后来，由于 STL 理论的不断发展与成熟，STL 的应用也越来越广泛。SVM 是近年来提出的一种新方法，具有严密的理论基础，可以被用于非线性函数中，也可以将非线性可分的问题转化成线性可分的问题。该方法采用核函数的展开定理，不需要得到非线性映射的显示表达式，就可以得到线性函数。该方法是在 STL 的基础上设计出来的，一般只能用于两类问题，对于多类的问题，其效果不好。采用该方法可以得到全局最小值，而其他的方法一般只能获得局部最优解。支持向量机是建立在 VC 维理论和结构风险最小化原则基础之上的。

1. VC 维理论

VC 维是反映函数集的学习能力的重要指标。VC 维描述了函数集合 F 的学习性能的强弱，如果函数集合的 VC 维较大，那说明函数集合有高复杂度和大容量。但是怎么能够确定函数集的 VC 维是统计学理论中的一个重要问题，目前仍旧十分困难。

2. 结构风险最小化原则

结构风险最小化，就是在保证分类精度的同时，降低 VC 维，使其风险得到控制。置信区间，也可以称为 VC 维信任，其值的大小与 VC 维数以及训练集的大小有关。以上两项组成了函数的结构风险。如果训练样本的个数太少，我们还需要考虑其置信区间的范围。

结构风险在 STL 中定义为经验风险与置信区间之和。需要同时考虑到置信区间的问题。如果置信区间两者是相同的话，则其结构风险值也是最小。因此，结构风险最小化就是如何寻找合适的决策函数集，然后将经验风险最小化，便可以得到最终的决策函数。置信风险与两个量有关，一是样本数量，给定的样本数量越大，学习结果越有可能正确，此时置信风险越小；二是分类函数的 VC 维，VC 维越大，推广能力越差，置信风险会变大。

10.3.2　SVM 二分类

SVM 方法是从线性可分离情况发展而来，将线性不可分离的情况进行求解，建立得到 SVM 模型。对于非线性 SVM 模型，也可以将其线性化后进行求解。SVM 问题也可以得到目标函数的全局最小值，而其他一些方法，如基于规则的分类器、人工神经网络等一般只能获得局部最优解。

满足线性可分的条件下，最优分类超平面的概念被提出。然而数据大多情形并不是线性可分的，即并不是所有数据都能满足的。在实际问题中，分类大多数情况不是理想的线性，而 SVM 方法在工作过程中先是把训练集通过一定的变换投影到高维特征空间，再在高维空间搜寻最优分类超平面，这个超平面与原始空间中的分类面是通过变换对应的。

10.3.3　SVM 多分类

SVM 方法因为只能确定数据属于正类还是反类的问题，又被称为两类分类器。然而实际应用中面临的问题并没有这么简单，一般都包含很多不同类别，如文本分类，人脸识别等。因此本节中要研究的问题就是怎么由理论中的两类分类器来解决现实中的多类分类。一般条件下是选择把空间划分为很多个区域来区分超平面，根据样本所在的区域作为这个类别的最佳分类方法。然而这只是理论上的想法，在实际中这种方法具有庞大的计算量，真正应用时工作量巨大。目前关于 SVM 的多分类问题有两种思路，一种是构建一个 SVM 分类器具有多分类功能，另一种是多个 SVM 二分类器进行组合，而组合方式也有很多种，以下是当前实际中的四种常用方法。

1. 一对多分类法

一对多分类法，就是任何时候都只解决两类分类的问题，如硬币的两面问题。假设有 n 个不同类别，第一次通过把类别 1 的样本设置为硬币的正面，则其他类别样本都是硬币的反面，获得第一个两类分类器；第二次我们按照第一次的步骤把类别 2 改成上一步中类别 1 的设置，其他不变，这样就获得第二个分类器；一直按照这个步骤执行，就可以得到 n 个这样的两类分类器。它的优点与缺点同样突出，在快速分类的同时容易出现分类重叠和无法分类现象。

2. 一对一分类法

一对一分类法，是把每个类别分别与除了它本身之外的其他类别都构建两类分类器，按照相关数学公式，假设有 n 个类别，则总共构建了 $n(n-1)/2$ 个分类器。此种方法的优点很明显，就是不会出现不可分现象，但缺点也一样明显，即当 n 比较大时，要构造的分类器数量也会非常多。

3. 有向无环图分类法

在此以 7 分类为例。分类时，首先通过分类器“1 对 7”分类，若是取得分类结果是 7 的，就接着通过右边分类器“2 对 7”来分类；若是分类结果是 2，则通过左边的“1 对 2”分类器；就这样一直分类下去，最终就能够取得分类结果。这种分类法的缺点是一旦出现分类错误，那后面的任意分类环节都无法改正，错误将一直被延续下去。

4. 决策树方法

决策树的基本思想是从根节点开始，采用某种方法将该节点包含的类别划分为两个子类，再对两个子类进一步划分，如此循环，直到子类中只包含一个类别为止，最终就得到了一个倒立的二叉树。在二叉树各决策节点训练支持向量机分类器，实现对识别样本的分类。

10.3.4 SVM 多特征融合步骤

近年来，随着统计学习理论受到广泛关注，支持向量机理论也得到了长足发展，各种支持向量机训练算法被提出并日臻完善。此外，为了解决不同的问题，学者们在二次规划算法、分解算法以及增量算法这三类主要算法的基础上又研究出了很多改进算法。

在二次规划算法中，罚函数法和单纯行法是最常用的。但是，这两种方法的缺点是复杂度随着样本数目的增大而增大，而且增大趋势很快。在此基础上为了克服这一缺点，很多新的训练算法应运而生，大部分算法都通过把大规模的问题分解为若干小规模的子问题，来迭代解决，也取得了不错的效果。下面是一般性的分解算法步骤。

第一步，假设 a 为子集大小（$a<n$，n 为样本总数），对这 n 个样本来说，令 $a_i=0$。

第二步，共挑选 a 个样本在训练集中，用来组成子集 A。

第三步，按标准程序和步骤算出子集 A 表述的二次规划问题。

第四步，数据相对密集的所有样本都可以套用这个模型。

第五步，若是 A 中有不满足 KKT 条件的样本存在，那么替换 A 中的所有样本及相应的值就可以使用这些不满足条件的样本及它们的值。

第六步，结果仍然发散，则重新从第三步开始。

而在训练集中挑选的样本集 A 的方法不同，也会变化出相应不同的分解算法。Cortes 和 Vapnik 提出分块算法的概念方便解决支持向量机二次规划问题。分块算法根据支持向量机的最终求解结果仅仅和支持向量相关，但和非支持向量不相关这一事实论据，把最初的二次规划问题分解为一系列小规模的 QP 子问题来方便求解。Osuna 提出了子集选择算法来提高训练集的速度。该方法通过首先设定一个大小恒定不变的工作集，使得可以在解决 QP 子问题时，在工作集中去掉任意一个样本，加入一个不满足 KKT 条件的样本，再进行优化。Platt 设计了一个两层嵌套循环，并因此提出了把一个很大的 QP 分解为一系列最小的 QP 子优化问题的算法，事实证明这种序列最小优化算法更为有效。在任何时候面对两个样本的二次规划问题时，都通过计算最优解来解决 QP 问题的求解速度问题是有效的。LIBSVM 算法选择满足 SVMlight 工作集条件的工作集是通过融合 SMO 和 SVMlight 算法来得到的，在此基础上又使用 SMO 进行两点优化操作。同时收缩和缓存技术在 LIBSVM 算法中也有体现，从根本上看，它依旧在 SMO 算法的范畴之内。

在本节中，整个图像分类实验系统的框架，如图 10-7 所示。

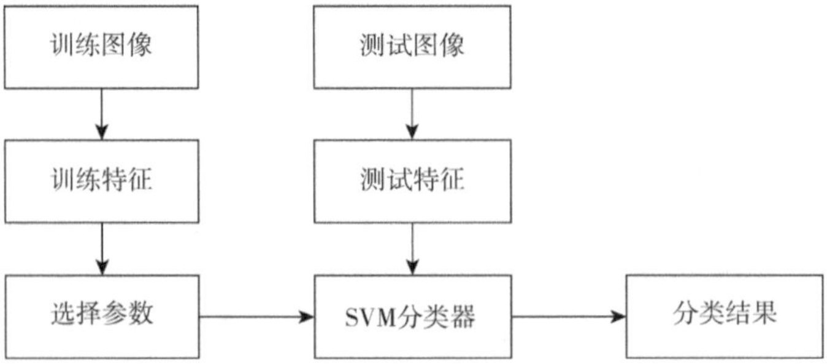

图 10-7　基于 SVM 多特征融合的图像检索技术流程

本节的主要实验步骤如下。

第一步，选用 Corel-test 图像库中 1000 幅图像，平均每个类别有 100 幅。分别在每个类别中选取 80 幅用作训练集，剩下的 20 幅用作检测检索的性能。

第二步，通过前面的铺垫和准备，获得颜色特征向量、纹理特征向量和形状特征向量，并根据图像库原有的分类进行人工标注分类，通过不同特征的组合来比较不同特征对图像分类的影响，进一步提高图像分类的效率。

第三步，通常情况下能取得比较好分类效果的无疑是 RBF 核函数，因此，图像分类操作所用的 SVM 算法采用 RBF 核函数，LIBSVM 系统中默认的核参数作为分类算法的参数并训练分类模型。

第四步，分类结束后按检索正常程序进行。

第五步，本分类检索实验依然用查准率作为评价标准。

10.3.5　实验结果与分析

我们在进行基于 SVM 语义分类的图像检索时，同样选用 Corel 图像库。为了方便与前面实验做对照，依旧返回相似的前 10 幅图像作为检索实验结果。性能评定通过返回的 10 幅图像检索的查准率作为标准。通过和前面使用加权多特征综合图像检索技术和使用 D-S 证据理论的加权多特征融合图像的检索方法的实验结果进行比较分析，证明基于 SVM 语义分类基础上的多特征融合检索的准确度和优越性。

第一，选用土著类图像作为示例图像进行查询，在本节中只展示前 10 幅检索实验结果，而图像库中有 100 幅相似图像。采用基于 SVM 语义分类的图像检索技术得到查准率为 0.90，如图 10-8 所示。

第二，选取恐龙类图像作为示例图像进行查询，在本节中只展示前 10 幅检索实验结果，图像库中与示例图像相关的图像有 100 幅。采用基于 SVM 语义分类的图像检索技术得到查准率为 0.95，如图 10-9 所示。

（a）查询图像

（b）第 1 幅检索图像

（c）第 2 幅检索图像

（d）第 3 幅检索图像

（e）第 4 幅检索图像

（f）第 5 幅检索图像

（g）第 6 幅检索图像

（h）第 7 幅检索图像

（i）第 8 幅检索图像

（j）第 9 幅检索图像

图 10-8　基于 SVM 多特征融合的图像检索结果一

（a）查询图像

（b）第 1 幅检索图像

（c）第 2 幅检索图像

（d）第 3 幅检索图像

（e）第 4 幅检索图像

（f）第 5 幅检索图像

（g）第 6 幅检索图像

（h）第 7 幅检索图像

（i）第 8 幅检索图像

（j）第 9 幅检索图像

图 10-9　基于 SVM 多特征融合的图像检索结果二

对于基于 SVM 语义分类的多特征图像检索而言，评价算法优劣仍然用查准率作为准则，把本节的实验结果同前面的实验结果进行对比，引入 SVM 语义分类的多特征检索方法的查准率更高，并且能够克服当图像某一特征优先级特别高而导致的多特征检索查准率偏低这一问题。实验结果更加准确形象地说明了基于 SVM 语义分类的图像检索技术用于图像检索的优越性，在一定程度上有效地克服了基于内容的图像检索技术的不足。

10.4　本章小结

为了能提高所有种类图像的检索查准率，本章在分析各种单一特征提取方法对各种类图像的查准率的基础上，提出了利用特征查准率进行加权的多特征的检索方法，并通过实验证明此种方法使得检索系统的查准率获得了一定提高，但并不多。在此基础上又进一步提出了基于 D-S 证据理论的加权多特征融合检索，此种方法能够很好地提高整体图像检索系统的检索准确率。通过前面对基于内容的图像检索的深入了解，本章初步引入了语义检索这一概念，在 SVM 语义分类的基础上提出了多特征图像检索技术，选择了 LIBSVM 算法来进行 SVM 的训练和分类。实验也证明此种初步的基于语义的图像检索技术的平均查准率比基于内容的图像检索技术高，具有一定程度的优势。

结 语

对图像目标识别技术的研究在理论和实际应用方面都具有重大的意义。在理论方面，图像目标识别技术是计算机视觉、图像处理、模式识别的交叉学科，为相关学科的发展起到极大的促进作用，并且图像目标识别问题为人工智能、人机交互、数学、图像处理、心理学、计算机视觉、认知科学、模式识别等多学科提供了基础的研究平台。目前，图像目标识别技术已经被广泛应用到了实际生活中的各个领域，如国家安全，公共安全，信息安全，金融安全，企业应用和人机交互等。基于内容的图像检索技术，以颜色、纹理、形状等作为图像的特征表达，以此为依据开展检索并作为相似性判断的依据，是当前图像检索领域的主流方法。图像检索技术能否在检索领域中加以应用，准确率、可靠性和检索速度是人们最为关注的三个指标。准确率影响到检测结果的准确性，可靠性影响到检索方法的应用范围，检索速度影响着检测过程的执行效率。

本书从多特征融合的图像目标识别技术出发，对基于内容的图像检索理论和方法展开研究。

分析图像目标识别中所需的典型特征。在 LBP 特征中，分析了基本 LBP 算子、圆形 LBP 算子、LBP 特征的旋转不变性、LBP 特征的等价模式、LBP 特征的非参数计算，给出了 LBP 特征提取方法。在 Gabor 特征中，分析了 Gabor 滤波器及其核函数的构造方法，给出了多尺度 Gabor 特征的提取和计算方法。在 HOG 特征中，分析了 HOG 特征的优势，给出了

HOG 特征的计算方法。在 Hu 矩特征中，分析了 Hu 矩特征的优势，给出了 Hu 矩特征的 7 个不变矩的计算方法。

给出了图像目标识别特征提取前的两种预处理方法，几何归一化和灰度重映射。从感知层、特征层、匹配层、决策层四个层面分析了多特征的融合策略。设计了特征层 PCA 多特征融合目标图像识别技术和匹配层 PCA 多特征融合目标图像识别技术。

分析 PCA 多特征融合方法的优势和不足，提出了基于 ESN 的多特征融合目标图像识别技术设计构想。分析了 ESN 模型、关键参数、训练流程、单步优化流程、多步优化流程。构建了 ESN 多特征融合方法框架，设计了 ESN 多特征融合方法流程。针对 ESN 多特征融合目标图像识别技术、特征层 PCA 多特征融合目标图像识别技术、匹配层 PCA 多特征融合目标图像识别技术的效果展开了实验研究，证实了 ESN 多特征融合目标图像识别技术可以达到更高的识别准确率。

构建了多特征融合图像检索理论的一般性框架。在此框架下，图像检索过程被细化为特征提取、特征向量生成、相似性比较三个环节，融合策略从特征向量融合和相似性测度融合两个角度展开。构建了图像检索技术的层次分析性能评价模型，综合考虑了查准率、查全率、检索时间三项指标。

提出了一种基于颜色特征和边缘特征融合的图像检索技术。此技术首先对待检索图像和数据库图像进行二次小波分解，选取小波分解结果中的低频分量图像进行特征提取。低频分量图像中富含边缘信息和细节信息，可以提取出丰富的边缘特征，进而和 R、G、B 三个分量图像的颜色特征融合在一起，有效地提升了检索结果的查准率。性能评价的实验结果表明，基于颜色特征和边缘特征融合的图像检索技术具有查准率高、检索速度快的特点。农产品品质检测的实验结果证实，此方法在农产品品质检测领域中的应用具备可行性。

提出了一种基于小波基特征的图像检索技术。此技术结合广义高斯函数和伽马函数，计算出两个参数矩小波基特征，对于不同类别的图像都具有良好的适应性；采用泰勒级数完成小波基特征的近似计算，提升了检索过程的执行速度。实验结果表明，基于小波基特征的图像检索技术具有查全率高、检索速度快的特点。医学病例诊断的辅助实验结果证实，此方法在医学领域中的应用具备可行性。

提出了一种基于 ESN 多特征融合的图像检索技术。此技术同时使用了 3 个颜色特征向量、4 个纹理特征向量、7 个形状特征向量，综合考察了三类特征对图像内容信息的表达，提升了检索结果的查准率；根据查询图像的颜色字典、纹理字典、形状字典，在 ESN 下训练出三类特征的融合权重，提升了方法对不同图像的适应性和检索结果的查全率。实验结果表明，基于多特征 ESN 融合的图像检索技术具有查准率高、查全率高的特点。商标图像的分拣实验结果证实，此方法在商品包装分拣领域中的应用具备可行性。

在今后的工作中，将进一步在两个方面开展研究：丰富基于内容的图像检索领域中可以使用的特征，完善多种特征融合以及相似性测度构建的理论和方法；探索基于内容的图像检索和基于语义的图像检索的融合策略，研究内容特征和语义特征融合的具体方案。

参考文献

[1] Lara C Perez, Lux M, Mejia Lavalle M. Toward improving content-based image retrieval systems by means of text detection [C]. IEEE International Conference on Mechatronics, Electronics and Automotive Engineering, 2014: 50-53.

[2] Farruggia Alfonso, Magro Rosario, Vitabile Salvatore. A text based indexing system for mammographic image retrieval and classification [J]. Future Generation Computer Systems, 2014, 37: 243-251.

[3] Costa Pereira Jose, Vasconcelos Nuno. Cross modal domain adaptation for text-based regularization of image semantics in image retrieval systems [J]. Computer Vision and Image Understanding, 2014, 124: 123-135.

[4] 王伟蔚, 张国鹏, 邱顶, 等. 基于 DICOM 文本与内容的医学图像检索系统研究 [J]. 计算机工程与设计, 2011, 32 (3): 1014-1018.

[5] 李净, 郭洪禹. 图像检索中结合文本信息的多示例原型选择及主动学习策略 [J]. 计算机应用, 2012, 32 (10): 2899-2903.

[6] 李玲, 宋莹玮, 杨秀华, 等. 应用图学习算法的跨媒体相关模型图像语义标注 [J]. 光学精密工程, 2016, 24 (1): 229-235.

[7] Rangkuti Abdul Haris, Rasjid Zulfany Erlisa, Santoso D Junaidi. Batik image classification using treeval and treefit as decision tree function in optimizing content based batik image retrieval [J]. Procedia Computer

Science, 2015, 59: 577-583.

[8] Jyothi B, madhaveelatha Y, Krishna Moha P. G, et al. Steerable texture descriptor for an effective Content-Based medical image retrieval system using PCA [J]. Advances in Intelligent Systems and Computing, 2016, 379: 289-298.

[9] Tomaev Nenad, Mladeni Dunja. Image hub explorer: evaluating representations and metrics for content-based image retrieval and object recognition [J]. Multimedia Tools and Applications, 2015, 74 (24): 11653-11682.

[10] 范继红, 吴明, 夏艳杰, 等. 基于内容的图像检索在医学图像领域的研究 [J]. 齐齐哈尔医学院学报, 2015, 36 (14).

[11] 杨扬. 基于对象语义的图像检索增强技术研究 [D]. 南京: 南京大学, 2014.

[12] Khodaskar Anuja, Ladhake Siddarth. New-fangled alignment of ontologies for content based semantic image retrieval [J]. Procedia Computer Science, 2015, 48: 298-303.

[13] Kumar Kamlesh, Li JianPing, Khan Saeed Ahmed, et al. Complementary semantic model for content-based image retrieval [C]. 2014 11th International Computer Conference on Wavelet Active Media Technology and Information Processing, 2014: 266-270.

[14] 曹建芳, 陈俊杰, 赵青杉. 基于多语义特征融合的图像检索 [J]. 计算机技术与发展, 2014, 24 (5): 134-137.

[15] 罗建桥, 刘甲甲, 李柏林, 等. 基于局部特征和语义信息的扣件图像检测 [J]. 计算机应用研究, 2016, 33 (8): 1-7.

[16] Lyu Heng, Zhang Jie, Zha Guihong, et al. Developing a two-step retrieval method for estimating total suspended solid concentration in Chinese turbid inland lakes using Geostationary Ocean colour imager imagery [J]. International Journal of Remote Sensing, 2015, 36 (5): 1385-1405.

[17] Jenni Kommineni, Mandala Satria, Sunar Mohd Shahrizal. Content based image retrieval using colour strings comparison [J]. Procedia Computer Science, 2015, 50: 374-379.

[18] Vimina E R, Poulose Jacob K. Image retrieval using local colour and texture features [J]. Advances in Intelligent and Soft Computing, 2012, 125: 767-772.

[19] Ghosh Somen, Ghosh Ajay. Content based retrieval of malaria positive images from a clinical database via recognition in RGB colour space [J]. Advances in Intelligent Systems and Computing, 2014, 249 (2): 1-8.

[20] Lai C H. A colour image retrieval scheme based on Z-scanning technique [J]. Image Science Journal, 2013, 61 (3): 320-333.

[21] Ganar Apurva N, Gode C S, Jambhulkar, et al. Enhancement of image retrieval by using colour, texture and shape fetures [C]. Proceedings International Conference on Electronic Systems, Signal Processing and Computing Technologies, 2014: 251-255.

[22] Khokher Amandeep, Talwar Rajneesh. Evaluation of a content-based image retrieval system using features based on colour means [J]. International Journal of Information and Communication Technology, 2012, 4 (1): 61-75.

[23] Iqbal Kashif, Odetayo Michael O, James Anne. Content-based image retrieval approach for biometric security using colour, texture and shape features controlled by fuzzy heuristics [J]. Journal of Computer and System Sciences, 2012, 78 (4): 1258-1277.

[24] Ljubovic V, Supic H. Improving performance of image retrieval based on fuzzy colour histograms by using hybrid colour model and genetic algorithm [J]. Computer Graphics Forum, 2015, 22 (10): 221-226.

[25] Plant William, Lumsden Joanna, Nabney Lan T. The mosaic test: measuring the effectiveness of colour-based image retrieval [J]. Mul-

timedia Tools and Applications, 2013, 64 (3): 695-716.

[26] 王涛, 胡事民, 孙家广. 基于颜色—空间特征的图像检索 [J]. 软件学报, 2002, 13 (10): 2031-2036.

[27] 孙君顶, 崔江涛, 毋小省, 等. 基于颜色和形状特征的彩色图像检索方法 [J]. 中国图象图形学报, 2004, 9 (7): 820-827.

[28] 王向阳, 杨红颖, 郑宏亮, 等. 基于视觉权值的分块颜色直方图图像检索方法 [J]. 自动化学报, 2008, 36 (10): 1489-1492.

[29] 沈新宁, 王小龙, 杜建洪. 基于颜色自相关图和互信息的图像检索方法 [J]. 计算机工程, 2014, 40 (2): 259-262.

[30] 顾晓东, 杨诚. 新的颜色相似度衡量方法在图像检索中的应用 [J]. 仪器仪表学报, 2014, 35 (10): 2286-2292.

[31] 张永库, 李云峰, 孙劲光. 综合颜色和形状特征聚类的图像检索 [J]. 计算机应用, 2014, 34 (12): 3549-3553.

[32] 张永库, 李云峰, 孙劲光. 基于改进颜色聚合向量与贡献度聚类的图像检索方法 [J]. 计算机科学, 2015, 42 (2): 311-315.

[33] 孙延维, 雷建军, 苏丹. 综合颜色块的直方图图像检索方法 [J]. 华中师范大学学报 (自然科学版), 2015, 49 (2): 201-205.

[34] 孙琦龙, 张明亮. 基于颜色特征的藏毯图像检索研究与实现 [J]. 软件, 2015, 36 (8): 25-29.

[35] 陈勇平, 郭文静, 王正. 基于颜色直方图的木材单板图像检索方法研究 [J]. 南京林业大学学报 (自然科学版), 2015, 39 (5): 129-135.

[36] Jyothi B, Madhaveelatha Y, Krishna Mohan P G, et al. Steerable texture descriptor for an effective content-based medical image retrieval system using PCA [J]. Advances in Intelligent System and Computing, 2016, 379: 289-298.

[37] Raghuwanshi Ghanshyam, Tyagi Vipin. Texture image retrieval using adaptive terolet transforms [J]. Digital Signal Processing: A Review Journal, 2016, 48: 50-57.

[38] Murugan M V, Jeyanthi P. Content based image retrieval using color and

texture feature extraction in android [C]. International Conference on Information Communication and Embedded Systems, 2015: 1160-1169.

[39] Irtaza Aun, Jaffar M Arfan. Categorical image retrieval through genetically optimized support vector machines and hybrid texture features [J]. Singal, Image and Video Processing, 2014, 9 (7): 1503-1519.

[40] Imran Muhammad, Hashim Rathiah, Aba Khalid, et al. Segmentation based fractal texture analysis and color layout descriptor for content based image retrieval [C]. International Conference on Intelligent Systems Design and Applications, 2015: 30-33.

[41] Lin C H, Hsiao M D, Lin W T. Object-based image segmentation and retrieval for texture images [J]. Imaging Science Journal, 2015, 63 (4): 220-234.

[42] Gorrab Azza, Zribi Mehrez, Baghdadi Nicalas, et al. Retrieval of both soil moisture and texture using TerraSAR-X images [J]. Remote Sensing, 2015, 7 (8): 10098-10116.

[43] Murala Subrahmanyam, Jonathan Wu Q M. Spherical symmetric 3D local ternary patterns for natural, texture and biomedical image indexing and retrieval [J]. Neurocomputing, 2015, 149: 1502-1514.

[44] Fierro Radilla Atoany Nazareth, Calderon Auza Gustava, Nakano Miyatake Mariko. Motif correlogram for texture image retrieval [J]. Communications in Computer and Information Science, 2015, 532: 496-505.

[45] Kumaran N, Bhavani R. PCA-based feature selection for MRI image retrieval system using texture features [J]. Advances in Intelligent Systems and Computing, 2015, 324: 109-117.

[46] 练秋生，李芹，孔令富．融合圆对称轮廓波统计特征和 LBP 的纹理图像检索 [J]．计算机学报，2007，30 (12)：2198-2204.

[47] 施智平，胡宏，李清勇，等．基于纹理谱描述子的图像检索 [J]．软件学报，2006，16 (6)：1039-1046.

[48] 苏赋．Curvelet 感兴趣区域相关图的纹理图像检索 [J]．上海交通

大学学报，2014，48（5）：653-657.

[49] 梁美丽，牛之贤．改进的综合颜色纹理特征图像检索［J］．计算机应用与软件，2014，31（6）：228-231.

[50] 赵玉丹，王倩，范九伦．基于 Float-LBP 方法的纹理图像检索［J］．计算机应用，2014，34（12）：3545-3548.

[51] 殷明，王治成，于立萍．基于 NSST 和 RI-LPQ 的纹理图像检索［J］．计算机工程，2014，40（10）：258-263.

[52] 许贞俊，史忠震．基于纹理特征和形状特征相结合的图像检索方法［J］．软件导刊，2014，13（3）：142-144.

[53] 曲怀敬，李健，吴延荣，等．结合滤波器选择和相位信息的统计纹理图像检索［J］．计算机应用研究，2014，31（12）：3894-3897.

[54] 孙君顶，毋小省．纹理谱描述符及其在图像检索中的应用［J］．计算机辅助设计与图形学学报，2010，22（3）：516-520.

[55] 黄碧娟，唐奇伶，刘海华，等．基于张量机扩散与纹理元相似的医学图像检索［J］．计算机应用，2016，36（3）：815-819.

[56] Agarwal Saurabh, Chaturvedi Nikhi, Johari Punit Kumar. An efficient trademark image retrieval using combination of shape descriptor and salience features [J]. International Journal of Signal Processing, Image Processing and Pattern Recognition, 2014, 7 (4): 295-302.

[57] Zare Mohammad Reza, Seng Woo Chaw. Blood cell image retrieval system using color shape and bag of words [J]. Lecture Notes in Computer Science, 2014, 8836: 218-225.

[58] Goyal Anjali, Walia Ekta. Variants of dense descriptors and Zernike moments as features for accurate shape-based image retrieval [J]. Signal, Image and Video Processing, 2014, 8 (7): 1273-1289.

[59] Fierro Radilla Atoany, Perez Daniel Karina, Nakano Miyatakea Mariko, et al. An effective visual descriptor based on color and shape features for image retrieval [J]. Lecture Notes in Computer Science, 2014, 8856: 336-348.

[60] Ganar Apurva N, Gode C S, Jambhulkar Sachin M. Enhancement of image retrieval by using colour, texture and shape features [C]. International Conference on Electronic Systems, Signal Proceeding and Computing Technologies, 2014: 251-255.

[61] Lande Milind V, Bhanodiya Praveen, Jain Pritesh. An effective content-based image retrieval using color, texture and shape feature [J]. Advances in Intelligent Systems and Computing, 2014, 243: 1163-1170.

[62] Shrivastava Nishant, Tyagi Vipin. Region based image retrieval using integrated color, texture and shape features [J]. Advances in Intelligent Systems and Computing, 2015, 340: 309-316.

[63] Deniziak Stanislaw, Micho T. Query by shape for image retrieval from multimedia databases [J]. Communications in Computer and Information Science, 2015, 521: 377-386.

[64] Shanmugavadivu P, Sumathy P, Vadivel A. FOSIR: Fuzzy-object-shape for image retrieval applications [J]. Neurocomputing, 2016, 171: 719-735.

[65] Sokic Emir, Halac Delila, Konjicija Samim. Human-inspired shape-based image retrieval using weighted City-block distance and fourier descriptors [J]. IEEE International Conference on Multimedia and Expo Workshops, 2015, 28: 1011-1020.

[66] 周瑜，刘俊涛，白翔．形状匹配方法研究与展望 [J]. 自动化学报，2012，38（6）：889-910.

[67] 袁杰，魏宝刚，王李冬．一种综合 PHOG 形状和小波金字塔能量分布特征的图像检索方法 [J]. 电子学报，2011，39（9）：2114-2119.

[68] 罗磊．形状分解和基于机器学习的图像检索方法研究 [D]. 长沙：国防科学技术大学，2013.

[69] 王军伟，刘文予．基于多尺度三元组描述子的形状匹配方法 [J]. 华中科技大学学报（自然科学版），2011，39（6）：6-9.

[70] 项明，姚雪存，崔振东，等．利用相关反馈方法和形状特征的服装

图像检索方法［J］．纺织学报，2014，35（2）：94-98.
［71］ 周美丽，白宗文．基于形状特征的图像检索系统的设计［J］．国外电子测量方法，2015，34（6）：82-84.
［72］ 吴晓雨，何彦，杨磊，等．基于改进形状上下文特征的二值图像检索［J］．光学精密工程，2015，23（1）：302-309.
［73］ 叶梦婕．轮廓线形状的多尺度描述及其在植物叶片图像检索中的应用［J］．电脑知识与方法，2014，10（29）：6942-6944.
［74］ 师文，朱学芳．基于轮廓重构和特征点弦长的图像检索［J］．软件学报，2014，7：1557-1569.
［75］ 张永库，李云峰，孙劲光．综合颜色和形状特征聚类的图像检索［J］．计算机应用，2014，34（12）：3549-3553.
［76］ Valliammal N，Geethalakshmi S N. Efficient feature fusion，selection and classification technique for plant leaf image retrieval system［C］. ACM International Conference Proceeding Series，2012：132-137.
［77］ Bagheri Bahareh，Pourmahyabadi Maryam，Nezamabadi-Pour Hosseiri. A novel content based image retrieval approach by fusion of short term learning methods［C］. Conference on Information and Knowledge Technology，2013：355-358.
［78］ Walia Ekta，Pal Aman. Fusion framework for effective color image retrieval［J］. Journal of Visual Communication and Image Representation，2014，25（6）：1335-1348.
［79］ Alghamdi Raniah A，Taileb Mounira，Ameen Mohammad. A new multimodal fusion method based on association rules mining for image retrieval［C］. Proceedings of the Mediterranean Electrotechnical，2014：493-499.
［80］ Kozievitch Nadia P，Hara Carmern Satie，Nande Jaqueline，et al. Exploring data fusion under the image retrieval domain［C］. Proceedings of the 16th International Conference on Enterprise Information Systems，2014，1：171-178.
［81］ Alghamdi Raniah A，Taileb Mounira. Towards semantic image retrieval

using multimodal fusion with association rules mining [J]. Lecture Notes in Computer Science, 2014, 8521: 407-418.

[82] Chaudhary Manoj D, Upadhyay Abhay B. Fusion of local and global features using stationary wavelet transform for efficient content based image retrieval [C]. IEEE Students' Conference on Electrical Electronics and Computer Science, 2014: 323-340.

[83] Poslad Stefan, Kesorn Kraisak. A multi-modal incompleteness ontology model to enhance information fusion for image retrieval [J]. Information Fusion, 2014, 20 (1): 225-241.

[84] Scholkmann Felix, Revol Vincent, Kaufmann Rolf, et al. Comment on a new method for fusion: denoising and enhancement of x-ray images retrieved from Talbot-Lau grating interferometry [J]. Physics in Medicine and Biology, 2015, 60 (2): 925-928.

[85] Rashedi Esmat, Nezamabadi pour Hossein, Saryazdi Saeld. Information fusion between short term learning and long term learning in content based image retrieval systems [J]. Multimedia Tools and Applications, 2015, 74 (11): 3799-3822.

[86] 黄鹏. 使用加权图像标注改进 Web 图像检索 [J]. 浙江大学学报(工学版), 2009, 43 (12): 2129-2135.

[87] 曹建芳, 陈俊杰, 赵青杉. 基于多语义特征融合的图像检索 [J]. 计算机技术与发展, 2014, 24 (5): 134-141.

[88] 孔超, 张化祥, 刘丽. 基于兴趣区域特征融合的半监督图像检索方法 [J]. 山东大学学报 (工学版), 2014, 44 (3): 22-28.

[89] 罗益荣. 特征融合和支持向量机反馈的图像检索方法 [J]. 计算机应用与软件, 2014, 31 (10): 209-212.

[90] 易唐唐. 图像检索中融合语义和底层特征方法的研究 [J]. 信息系统工程, 2014, 5: 140-141.

[91] 刘雪亭, 李太君, 肖沙, 等. 一种融合信息熵和改进 SIFT 方法的图像检索方法 [J]. 河南科技大学学报 (自然科学版), 2014, 35

(6): 42-47.

[92] 余元辉, 邓莹. 基于多特征融合的海洋生物图像检索方法的研究 [J]. 河南大学学报 (自然科学版), 2015, 45 (2): 95-100.

[93] 张永库, 李云峰, 孙劲光. 基于多特征融合的图像检索 [J]. 计算机应用, 2015, 35 (2): 495-498.

[94] 周东尧, 伍岳庆, 姚宇. 基于全局特征和尺度不变性转换特征融合的医学图像检索 [J]. 计算机应用, 2015, 35 (4): 1097-1100.

[95] 刘润杰, 张化祥, 孔文杰. 基于特征关联融合的图像检索方法 [J]. 济南大学学报 (自然科学版), 2015, 29 (5): 327-332.

[96] Huang Min, Shu Huazhong, Ma Yaqiong. Content-based image retrieval technology using multi-feature fusion [J]. Optik, 2015, 126 (19): 2144-2148.

[97] Singh Chandan, Pooja. An effective image retrieval using the fusion of global and local transforms based features [J]. Optics and Laser Technology, 2012, 44 (7): 2249-2259.

[98] Irtaza Aun, Jaffar M Arfan. Categorical image retrieval through genetically optimized support vector machines and hybrid texture features [J]. Signal Image and Video, 2015, 9 (7): 1503-1519.

[99] Verma Manisha, Raman Balasubramanian. Local tri-directional patterns: a new texture feature descriptor for image retrieval [J]. Digital Signal Processing, 2016, 51: 62-72.

[100] Kalpana J, Krishnamoorthi R. Color image retrieval technique with local features based on orthogonal polynomials model and SIFT [J]. Multimedia Tools and Applications, 2016, 75 (1): 49-69.

[101] Gerald J Kaufman, Kenneth J Breeding. The automatic recognition of human faces from profile silhouettes [J]. IEEE Transaction on System, Man and Cybernetics, 2019, 6 (2): 113-121.

[102] L Harmon, M K Khan, et al. Machine identification of human faces [J]. Pattern Recognition, 2020, 13 (2): 97-110.

[103] Belhumeur P N, Hespanha J P, Kriegman D. Eigenfaces vs. Fisherfaces: Recognition using class specific linear projection [J]. IEEE Transaction on Pattern Analysis and Machine Intelligence, 2018, 19 (7): 711-720.

[104] X Wang, X Tang. Dual-Space Linear Discriminant Analysis for Face Recognition [J]. Computer Vision and Pattern Recognition, 2020, 22 (6): 564-569.

[105] 周杰, 卢春雨, 张长水. 人脸自动识别方法综述 [J]. 电子学报, 2018, 28 (4): 102-106.

[106] P J Phillips, H Moon, S A Rizvi, et al. The FERET evaluation methodology for face-recognition algorithms [J]. IEEE Transaction on Pattern Analysis and Machine Intelligence, 2019, 22 (10): 1090-1104.

[107] Turk M, Pentland A. Face recognition using eigen-faces [J]. Computer Vision and Pattern Recognition, 2019, 35 (10): 586-591.

[108] L Harmon, W Hunt. Automatic recognition of human face profile [J]. Computer Graphic and Image Process, 2018, 28 (6): 135-156.

[109] H Chan, W W Bledsoe. A man-machine facial recognition system: some preliminary results [J]. Technical Panoramic Research, 2020, 19 (8): 226-231.

[110] 周激流, 张晔. 图像目标识别理论研究进展 [J]. 计算机辅助设计与图形学学报, 2019, 31 (2): 180-184.

[111] M Belkin, P Niyogi. Laplacian Eigenmaps for Dimensionality Reduction and Data Representation [J]. Neural Computation, 2020, 15 (6): 1373-1396.

[112] J B Tenenbaum, V de Silva, J C Langford. A global geometric framework for nonlinear dimensionality reduction [J]. Image of Science, 2020, 29 (8): 2319-2323.

[113] L Chengjun. Capitalize on dimensionality increasing techniques for improving face recognition grand challenge performance [J]. IEEE

Transactions on Pattern Analysis and Machine Intelligence, 2018, 28 (5): 725-737.

[114] Tzimiropoulos G, Zafeiriou S, Pantic M. Principal component analysis of image gradient orientations for face recognition [J]. Automatic Face & Gesture Recognition, 2019, 31 (8): 553-558.

[115] N A Campbell. Robust procedures in multivariate analysis I: Robust Covariance estimation [J]. Applied Statistics, 2020, 29 (8): 231-237.

[116] C Croux, G Haesbroeck. Principal component analysis based on robust estimators of the covariance or correlation matrix: influence functions and efficiencies [J]. Biometrika, 2020, 37 (8): 603-609.

[117] N Kwak. Principal component analysis based on L1-norm maximization [J]. IEEE Transactions on Pattern Analysis and Machine Intelligence, 2018, 30 (6): 1672-1680.

[118] S T Roweis, L K Saul. Nonliner dimensionality reduction by locally linear embedding [J]. Image of Science. 2020, 29 (8): 2323-2326.

[119] X He, S Yan, Y Hu, et al. Face recognition using Laplacian faces [J]. IEEE Transaction on Pattern Analysis and Machine Intelligence, 2019, 27 (3): 328-340.

[120] Donoho D L, Grimes C. Hessian eigenmaps: Locally linear embedding techniques for high-dimensional data [J]. Proc. Natl. Acad. Sci, 2020, 22 (9): 5591-5596.

[121] J Wright A, Y Yang A, Ganesh S S Sastry, Y Ma. Robust face recognition via sparse representation [J]. IEEE Transactions on Pattern Analysis and Machine Intelligence, 2019, 31 (6): 210-227.

[122] Freund Y, Schapire R E. A Decision-Theoretic Generalization of on-Line Learning and an Application to Boosting [J]. Journal of Computer and System Sciences, 2017, 55 (10): 119-139.

[123] Jianxin Wu, S Charles Brubaker, Matterw D Mulin, et al. Fast Asymmetric Learning for Cascade Face Detection [J]. IEEE Translations on

Pattern Analysis and Machine Intelligence, 2018, 30 (3): 369-382.

[124] Gareth L, Alexander Z. Fast Radial Symmetry for Detecting Points of Interest [J]. IEEE Translations on Pattern Analysis and Machine Intelligence, 2018, 25 (8): 959-971.

[125] Wang K J, Ma H, Popoola O P, et al. A Novel Finger Vein Pattern Extraction Method Using Oriented Filtering Technology [J]. Intelligent Control and Automation, 2020, 32 (8): 6240-6244.

[126] Ojala T, Pietikäinen M, Harwood D. A comparative study of texture measures with classification based on feature distributions [J]. Pattern Recognition, 2016, 29 (10): 51-59.

[127] Zhang Z, Zha H. Principal manifolds and nonlinear dimensionality reduction via tangent space alignment [J]. SIAM J. Sci. Comput. 2015, 26 (4): 313-338.

[128] Yan S, Xu D, Zhang B, et al. Graph embedding and extensions: A general framework for dimensionality reduction [J]. IEEE Transactions on Pattern Analysis and Machine Intelligence, 2017, 29 (1): 40-51.

[129] Ahonen T, Hadid A, Pietikäinen M. Face recognition with local binary patterns [J]. Pattern Analysis and Machine Intelligence, 2020, 41 (8): 469-481.

[130] Daugman J G. Uncertainty relation for resolution in space, spatial frequency and orientation optimized by two dimension visual cortical filters [J]. Journal of Optical Society ofAmerica, 2018, 22 (7): 1160-1169.

[131] Ojala T, Pietikäinen M, Mäenpää T. Multi-resolution gray-scale and rotation invariant texture classificaiton with local binary patterns [J]. IEEE Translations on Pattern Analysis and Machine Intelligence, 2020, 24 (7): 971-987.

[132] Wen Gao, Bo Cao, Shiguang Shan, et al. The CAS-PEAL large-scale Chinese face database and baseline evaluations [J]. IEEE Transaction on System Man and Cybernetics (Part A) . 2018, 38 (1): 149-161.

[133] G Zhao, M Pietikäinen. Dynamic texture recognition using local binary patterns with an application to facial expressions [J]. IEEE Transaction on Pattern Analysis and Machine Intelligence. 2017, 29 (6): 771-778.

[134] Liao S, Zhu X, Lei Z, et al. Learning multiscale block local binary patterns for face recognition [J]. International Journal of Biometrics, 2020, 41 (9): 202-209.

[135] Chan C H, Kittler J, Messer K. Multiscale local binary pattern histograms for face recognition [J]. International Journal of Biometrics, 2020, 41 (9): 331-337.

[136] Tan X, Triggs B. Enhanced local texture feature sets for face recognition under difficult lighting conditions [J]. Journal on Analysis and Modeling, 2018, 32 (5): 67-71.

[137] Zhang G, Huang X, Li S Z, et al. Boosting local binary pattern LBP-based face recognition [C]. Biometric Recognition, 2017, 33 (5): 1012-1018.

[138] Li S Z, Chu R, Liao S, et al. Illumination invariant face recognition using near-infrared images [J]. IEEE Transaction on Pattern Analysis and Machine Intelligence, 2029, 29 (4): 446-451.

[139] Labdes M, Vorbrüggen J C, Buhmann J, et al. Distortion invariant object recognition in the dynamic link architecture [J]. IEEE Trans. Comput. 2019, 42 (6): 300-311.

[140] Wiskott L, Fellous J M, Krüger N, et al. Face recognition by elastic bunch graph matching [J]. IEEE Transaction on Pattern Analysis and Machine Intelligence, 2020, 19 (7): 502-511.

[141] Chengjun Liu, Harry Wechsler. Gabor feature based classification using the enhanced fisher linear discriminant model for face reognition [J]. IEEE Transaction on Image Processing, 2020, 11 (4): 467-476.

[142] Zhang B, Shan S, Chen X, et al. Histogram of Gabor phase patterns (HGPP): A novel object representation approach for face recognition

[J]. IEEE Transaction Image Process, 2017, 16 (1): 1125-1130.

[143] Brunelli R, Poggio T. Face recognition: Features versus templates [J]. IEEE Transactions on Pattern Analysis & Machine Intelligence, 2020, 33 (10): 1042-1052.

[144] 陈伏兵, 陈秀宏, 王文胜. 图像目标识别中 PCA 方法的推广 [J]. 计算机工程与应用, 2019, 41 (4): 34-38.

[145] 张志伟, 杨帆, 夏克文, 等. 一种有监督的 LPP 算法及其在图像目标识别中的应用 [J]. 电子与信息学报, 2018, 33 (3): 539-541.

[146] 余冰, 金连甫, 陈平. 利用标准化 LDA 进行图像目标识别 [J]. 计算机辅助设计与图形学学报, 2019, 15 (3): 302-306.

[147] 辜小花, 龚卫国, 杨利平. 核保局鉴别分析图像目标识别算法 [J]. 仪器仪表学报, 2020, 41 (9): 2016-2021.

[148] 周晓彦, 郑文明. 一种融合 KPCA 和 KDA 的图像目标识别新方法 [J]. 计算机应用, 2018, 38 (5): 1263-1266.

[149] Turk M, Pentland A. Eigenfaces for recognition [J]. Journal of Cognitive Neuro Science, 2019, 32 (1): 71-86.

[150] Turk M A, Pentland A P. Face recognition using eigenfaces [J]. Computer Vision and Pattern Recognition, 2018, 36 (5): 586-591.

[151] Didaci L, Marcialis G L, Roli F. Analysis of unsupervised template update in biometric recognition systems [J]. Pattern Recognition Letters, 2018, 37 (6): 151-160.

[152] Liu Q, Tang X, Jin H, et al. A nonlinear approach for face sketch synthesis and recognition [J]. Computer Vision and Pattern Recognition, 2020, 22 (10): 1005-1010.

[153] Wang X, Tang X. Face photo-sketch synthesis and recognition [J]. IEEE Transactions on Pattern Analysis and Machine Intelligence, 2019, 31 (11): 1955-1967.

[154] Klare B, Jain A K. Sketch-to-photo matching: a feature-based approach [J]. International Society for Optics and Photonics, 2020, 46

(5): 766-772.

[155] 肖冰. 人脸画像—照片的合成与识别方法研究 [J]. 电子信息学报, 2020, 43 (9): 606-613.

[156] Klare B F, Li Z, Jain A K. Matching forensic sketches to mug shot photos [J]. IEEE Transactions on Pattern Analysis and Machine Intelligence, 2019, 33 (3): 639-646.

[157] Lowe D G. Distinctive image features from scale-invariant key points [J]. International Journal of Camputer Vision, 2019, 60 (2): 97-110.

[158] 王宪, 陆友桃, 宋书林, 等. 基于 Gabor 小波变换与分块 PCA 的图像目标识别 [J]. 计算机工程与应用, 2020, 48 (3): 96-103.

[159] 周汐, 曹林. 分块 LBP 的素描图像目标识别 [J]. 中国图象图形学报, 2017, 20 (1): 50-58.

[160] 姚赛赛, 陈振学. 结构信息和特征信息结合的素描图像目标识别 [J]. 微机技术, 2020, 35 (6): 225-229.

[161] 曹林, 李猛, 张华. 结合改进 Surf 特征的素描图像目标识别 [J]. 计算机工程与应用, 2018, 54 (21): 193-198.

[162] Khan Z, Hu Y, Mian A. Facial self similarity for sketch to photo matching [J]. Digital Image Computing Techniques and Applications, 2018, 32 (10): 111-117.

[163] Mittal P, Vatsa M, Singh R. Composite sketch recognition via deep network-a transfer learning approach [J]. International Journal of Biometrics, 2020, 24 (8): 251-256.

[164] 陈志勇, 彭力, 张纪宽. 基于全局与局部特征的嵌入式图像目标识别系统 [J]. 江南大学学报: 自然科学版, 2020, 14 (3): 305-309.

[165] Gao T, He M Y, Dai Y C, et al. Face recognition using multilevel histogram sequence local binary pattern [J]. Journal of Image and Graphics, 2019, 14 (2): 202-207.

[166] Gao F, Ai H. Face age classification on consumer images with gabor feature and fuzzy LDA method [J]. Advances in Biometrics, 2019,

36 (8): 132-141.

[167] 程德志，李言俊，余瑞星．基于改进 SIFT 算法的图像匹配方法 [J]. 计算机仿真，2011，28 (7)：285-289.

[168] Zhang Shengchuan, Gao Xinbo. Face sketch synthesis via sparse representation-based greedy search [J]. IEEE Transactions on Image Processing. 2020, 24 (8): 2466-2477.

[169] 赵璐璐，耿国华，李康，等．基于 SURF 和快速近似最近邻搜索的图像匹配算法 [J]. 计算机应用研究，2018，30 (3)：921-923.

[170] Tang Xiao ou. Face sketch recognition [J]. IEEE Transactions on Circuits and Systems for Video Technology, 2019, 14 (1): 50-57.

[171] 王玮，黄非非，李见为，等．采用 LBP 金字塔的人脸描述与识别 [J]. 计算机辅助设计与图形学学报，2019，21 (1)：94-100.

[172] A L Yuille. Deformable templates for face recognition [J]. Cognitive Neuroseience, 2020, 33 (1): 59-72.

[173] 刘芮，李中梅，宋雅静．图像目标识别技术在智能快递箱身份认证中的应用研究 [J]. 电脑编程技巧与维护，2016，26 (2)：77-78.

[174] Gao T, He M Y, Dai Y C, et al. Face recognition using multi-level histogram sequence local binary pattern [J]. Journal of Image and Graphics, 2019, 14 (2): 202-207.

[175] 周平平，万洪林，刘慧，等．基于颜色和边缘特征自适应融合的人脸跟踪算法 [J]. 中国科学技术大学学报，2017，47 (10)：837-842.

[176] Zhao J J, Fang Q, Liang Z C, et al. Sketch face recognition based on super-resolution reconstruction [J]. Journal of Image and Graphics, 2016, 21 (2): 218-224 .

[177] Klare B, Jain A. Matching forensic sketches and mug shots toapprehend criminals [J]. IEEE Computer, 2020, 44 (5) : 94-96.

[178] 杨晓慧，金海燕，焦李成，等．基于 DT-CWT 的红外与可见光图像自适应融合 [J]. 红外与毫米波学报，2017，26 (6)：419-424.

[179] 张俊，何昕．基于面部几何特征点提取的图像目标识别方法 [J].

红外与激光工程，2019，28（4）：40-43.

［180］ 苏煜，山世光，陈熙霖，等．基于全局和局部特征集成的图像目标识别［J］．软件学报，2020，21（8）：1849-1862.

［181］ 周激流，张晔．图像目标识别理论研究进展［J］．计算机辅助设计与图形学学报，2019，11（2）：180-184.

［182］ Bartlett M S，Movellan J R，Sejnowski T J．Face recognition by independent on component analysis［J］．IEEE Transactions Neural Networks，2020，13（6）：1450-1464.

［183］ 范群贞．基于 PCA/ICA 的人脸特征提取新方法［J］．电子测量技术，2020，33（8）：31-34.

［184］ Moore A M．Biometric technologies an introduction［J］．Biometric Technology，2017，15（1）：6-7.

［185］ Zhao W，Chellappa R，Phillips P J，et al．Face recognition：A literature survey［J］．Acm Computing Surveys（CSUR），2020，35（4）：399-458.

［186］ 闫娟．图像目标识别技术的分析与展望［J］．机电设备，2017，12（4）：18-23.

［187］ 闫芳，林小竹，刘家彬．基于矩阵对称性的 Fisherface 图像目标识别方法［J］．计算机工程与应用，2018，48（2）：181-184.

［188］ 华晓彬，袁明新，王彬彬，等．基于肤色正态分布模型的自适应人脸动态检测［J］．江苏科技大学学报（自然科学版），2016，30（2）：162-166.

［189］ 糜元根，陈丹驰，季鹏．基于几何特征与新 Haar 特征的人脸检测算法［J］．传感器与微系统，2017，36（2）：154-157.

［190］ 杨国林，冯乔生，张亚萍．基于肤色的人脸检测综述［J］．软件，2020，34（3）：7-9.

［191］ 翟社平，李炀，马蒙雨，等．基于 LBP 和 SVM 的人脸检测［J］．计算机技术与发展，2017，27（9）：44-47.

［192］ 张仁霖．基于线性子空间的图像目标识别算法分析［J］．九江学

院学报（自然科学版），2016，31（1）：80-83.

[193] 刘海媚，王玲，李兰花．基于方向边缘幅值的尺度块 LBP 图像目标识别［J］．计算机工程与应用，2019，51（17）：177-181.

[194] 吴正平，杨杰，崔晓梦，等．融合 L2 范数最小化和压缩 Haar-like 特征匹配的快速目标跟踪［J］．电子与信息学报，2016，38（11）：2803-2810.

[195] 李劼，贺新，刘智明，等．基于几何特征和支持向量机的人脸检测［J］．内江师范学院学报，2020，19（2）：14-18.

[196] 单园园，王法胜，李绪成，等．改进 AdaBoost 与 SVM 快速人脸检测［J］．烟台大学学报：自然科学与工程版，2015（3）：204-212.

[197] 谢晋，陈延东．基于 Cost-Sensitive 主成分分析的图像目标识别［J］．计算机工程与应用，2020，52（15）：24-28.

[198] P Jonathon Phillips. Support vector machines applied to face recognition［J］. Advances in Neural Information Processing Systems，2020，15（7）：803-809.

[199] 杨新武，马壮，袁顺．基于弱分类器调整的多分类 Adaboost 算法［J］．电子与信息学报，2016，38（2）：373-380.

[200] Otsu N. A threshold selection method from gray-level histogram［J］. IEEE Transactions on Systems Man & Cybernetics，2019，29（1）：62-66.

[201] T Ojala，M Pietikainen，T Maenpaa. Multiresolution gray scale and rotation invariant texture classification with local binary patterns［J］. IEEE Trans. on Pattern Analysis and Machine Intelligence，2020，24（7）：971-987.

[202] 熊承义，李丹婷，笪邦友．基于 LBP 和 PCA 特征提取的图像目标识别［J］．中南民族大学学报，2019，30（2）：75-79.

[203] 谭兵，李珊珊，邓秋福，等．基于肤色及改进的 AdaBoost 算法的人脸检测技术研究［J］．科技展望，2017，27（6）：336-341.

[204] Jones M，Viola P. Fast multi-view face detection［J］. Proc of Com-

puter Vision & Pattern Recognition, 2020, 11 (1): 276-286.

[205] 王庆伟, 应自炉. 一种基于 Haar-Like T 特征的人脸检测算法 [J]. 模式识别与人工智能, 2015, 28 (1): 35-41.

[206] Chih Chung Chang, Chih Jen Lin. Libsvm: a library for support vector machines [J]. Acm Transactions on Intelligent Systems & Technology, 2020, 22 (3): 389-396.

[207] Beaudoin JoanE. Content-based image retrieval methods and professional image users [J]. Journal of the Association for information Science and Technology, 2016, 67 (2): 350-365.

[208] Kalpana J, Krishnamoorthi R. Color image retrieval technique with local features based on orthogonal polynomials model and SIFT [J]. Multimedia Tools and Applications, 2016, 75 (1): 49-69.

[209] 刘淑琴, 彭进业. 噪声不敏感的柱状图特征描述符及其在图像检索中的应用 [J]. 计算机科学, 2016, 43 (1): 307-310.

[210] Sari Toufik, Kefali Abderrahmane, Bahi Halima. Structural feature-based evaluation method of binarization techniques for word retrieval in the degraded Abrabic document images [J]. International Journal on Document Analysis and Recognition, 2016, 19 (1): 31-47.

[211] Wang Shouyu, Yan Keding, Xue Liang. High speedmoiré based phase retrieval method for quantitative phase imaging of thin objects without phase unwrapping or aberration compensation [J]. Optics Communications, 2016, 359: 272-278.

[212] 吴一全, 王凯. 基于 SUSAN 算子和角点判别因子的目标边缘检测 [J]. 中国科学院大学学报, 2016, 33 (1): 128-134.

[213] 吴翔, 于微波, 马艳辉, 等. 一种新的改进 Canny 图像边缘检测算法 [J]. 影像科学与光化学, 2016, 34 (1): 116-121.

[214] Chowdhury Manish, Kundu Malay Kumar. Comparative assessment of efficiency for content based image retrieval systems using different wavelet features and pre-classifier [J]. Multimedia Tools and Applica-

tions, 2015, 74 (24): 595-630.

[215] Srivastava Prashant, Prakash Om, Khare Ashish. Content-based image retrieval using moments of wavelet transform [C]. International Conference on Control, Automation and Information Sciences, 2014: 159-164.

[216] 杨博，程振波，邓志东．面向匹配决策问题的漏整合神经元稀疏 ESN 网络 [J]. 北京科技大学学报，2012，34 (1): 6-11.

[217] Yang Y F, Wu J, Fang J, et al. Image retrieval using ESNs and relevancefeedback [C]. International Symposium on Distributed Computing and Applications to Business, Engineering and Science, 2013: 383-387.